從 OLED 夢想到病毒製造的科技革命

當化學遇上創新

小規模化 × 精密化 × 智慧化

金湧　　主編
楊基礎　執行主編

探索生物技術與化工結合下的未來可能，開拓新的科學領域

全釩液流電池、智慧釋藥系統、碳材料、分子機器……
顛覆傳統化工裝置，開啟精細化學品製造的新篇章！

◎從石墨烯到碳纖維，碳的無限可能與應用
◎創新儲能科技為可再生能源的有效利用鋪路
◎用化學工程精準控制藥物釋放，提升治療效率
◎如何建造功能性分子裝置並開創製造業新途徑

U0059360

目錄

目錄

03
智慧釋藥

Smart Drug Delivery

04
神奇的碳
Miraculous Carbon

05
分子機器
Molecular Machines

目錄

06
OLED 之夢
OLED Dream

07
複合材料
Composite Materials

08
病毒製造

Virus Manufacturing

09
生物煉製

Biorefinery

目錄

10
細胞工廠

Cell Factory

序

—— 化學與化學工程鑄造未來世紀

　　回顧人類在這個星球上的發展歷程，我們看到，人類文明已經極大地改變了這個星球的面貌和人類的生存狀態，而人類文明的發展離不開科學與技術。本書要特別強調的是，現代文明離不開化學與化學工程，它們支撐著人們吃穿用度的日常生活，為眼花撩亂的高科技產品提供了各種先進材料，也在維護人類生命健康、應對全球氣候變化等重大挑戰方面發揮著重要作用。

　　毫無疑問，化學與化學工程所支撐的泛化學工業，是國民經濟的脊梁。離開了化學與化學工程，現代社會將有很多人衣不暖、食不飽、居無所、行不遠，生活水準和品質大幅下降。本書雖然對這些相對傳統的內容並無太多著墨，但提請讀者注意化學和化學工程被社會大眾「日用而不知」的這一事實。

　　化學和化學工程更是高新科技的發端和支撐。先進製造業的發展需要各種高效能材料，包括高強度、高耐熱、高耐寒、高耐磨、高氣密封、高耐腐蝕、高催化活性、高純度、高磁、超導、超細、超含能、超結構和自組裝材料等等，無一不需要化學與化學工程技術來發明和製造。

　　高效能新材料是先進製造業的先導和根本，也是製造業落後的根源之一，需要奮起直追。

　　泛化學工業在食品、製藥、醫用材料等人類健康支撐產業方面發揮

著重大作用。此外，環境和生態改善也是化學化工的重要領域。化學和化學工程一直在不斷進步、推陳出新，為人們的想像力發展和創造力實踐提供著充分廣闊的空間。

隨著科學與技術的指數式演進，可以預期我們現代社會所處的「今天」，會被認為是屬於人類歷史上相當原始的時期。再設想 100 年、500 年、1,000 年以後，現在地球上常用的礦產資源、化石能源可能已經所剩無幾，只有依靠化學和化工過程對可再生資源和清潔能源進行轉化利用，才能使社會經濟循環和永續發展。所以，強大而先進的化學與化學工程也是人類未來的依託。

人類文明發展到今天，絕大多數的人絕不可能願意去過那種原始的、生產力低下的「自然」生活，只有依靠先進的科學與技術，人類才能更健康、更長壽、更幸福。那種認為應該停止科技發展去過田園牧歌式生活的想法，只能是少數人的烏托邦，是一種迴避現實的幼稚病。人們對科技給人類社會帶來的負面影響已經有了深刻理解，也具有足夠的智慧和方法來減少和避免這些負面影響，現在和未來都需要依靠科技自身的發展和進步，發揮科技的正能量。

月球行走第一人、美國工程院院士尼爾·阿姆斯壯（Neil Alden Armstrong）曾呼籲說：「美國有許多人不相信邏輯，對專家們的努力持批評態度，而且往往感情用事，這些人所記得的全是橋梁塌陷、儲油罐洩漏、核輻射散發汙染等的報導。工程師們其實能言善辯，之所以沒有取信於人，是因為人們把工程師們看成技術的奴隸，看成絲毫不注意環境保護、不注重安全、不注重人生價值的人。」目前對化學和化學工業的報導又何嘗不是如此呢？阿姆斯壯接著說道：「我拒絕接受這些批評，工程師其實像社會上的其他人一樣有愛心、同情心和責任感。事實上，將

他們馬失前蹄之例毫無保留地公諸於世，足以證明他們的卓越不凡。」

　　坦言化學和化學工程還不完美，面對其所遭遇到的重大挑戰，正是因為它們的無可替代，因為它們對人類已經做出的重大貢獻並且還將做出的更大貢獻。我們呼喚年輕一代為此去建功立業，不為浮雲遮望眼，去為人類追求更幸福的生活。

　　編輯出版本書的目的是把世界著名大學和研究機構近期進行的化學與化學工程方面的研究工作介紹給年輕朋友。出版品力求展現展望性、科學性、科普性和趣味性，以饗讀者，也希望吸引優秀的年輕學生投身化學與化學工程事業中。出版品中肯定有局限和不足之處，望不吝指正。

金湧

序

前言

　　本書編寫的內容選題力爭以當今世界最尖端的化學化工科技成果為首選，盡量做到展望性、科學性、科普性、趣味性、藝術性、傳播性的統一。

　　「桌面工廠」介紹了微化工系統的基本原理，涉及微小空間內多相體系的混合分散、傳遞過程強化以及微化工裝置的製造與放大。透過例項，展示了微化工系統在精細化學品開發和製造中的應用潛力。微化工系統的出現變革了數百年來化工裝置大型化的發展策略，微化工系統是化學工業未來的重要方向之一。

　　「電力銀行」重點介紹了一種全新的大規模儲能技術——全釩液流電池儲能，內容涉及多價態金屬元素釩和膜技術等在儲能領域的特殊應用，將儲能裝置建成儲能工廠，為克服分散式能源密度低、隨機、不連續的缺點，有效利用太陽能、風力等可再生清潔能源，提供了可調可控新方法。

　　「智慧釋藥」重點介紹了如何應用化學和化學工程的基本原理，開發先進的藥物遞送技術，實現藥物的定時、定量和定向釋放，與標靶藥物相協同，提高藥物的生物利用度，使藥物的使用更加精確和便利；透過例項展示化學與化學工程是如何在藥物傳輸過程中發揮重要作用的。

　　「神奇的碳」以碳的三種同素異形體為主線，介紹了當今廣受關注的碳材料，如石墨、金剛石、碳纖維、碳奈米管、石墨烯等的相互轉化關係，展示了碳元素的神奇。並從碳的特殊原子結構、豐富的軌道混成方式和卓越的成鍵能力等角度，揭示了碳元素神奇的原因之所在。旨在讓

讀者與觀眾了解到，化學化工可以改造分子，更可以創造未來。「分子機器」介紹了化學家如何顛覆傳統製造行業「由上至下」的思路，提出了「由下至上」的製造新方法，從分子水平建構能行使某種功能的「分子機器」。透過介紹法國化學家研製的分子輪，日本東京大學教授製造的分子剪刀和其他研究者建構的分子開關、分子馬達、分子車、分子大腦等例項，向年輕學子展示未來化學製造複雜分子機器的無限可能，也提出了使這一可能成為現實所面臨的挑戰。

「OLED 之夢」首先介紹了用於製備新一代夢幻顯示器 —— OLED（有機發光二極體）的有機材料，展示了化學化工在電子行業的重要作用。然後簡單而具體地介紹了 OLED 發光與顯示的原理，以及 OLED 在顯示和照明領域的應用。最後簡要介紹了有機電子學，包括有機太陽能電池、有機場效應電晶體、有機感測器、有機儲存器等尖端的科學技術，以激發年輕學生的好奇心和探求欲。

「複合材料」介紹了什麼是複合材料，複合材料的基本構成，重點介紹了材料為什麼要複合、如何複合，以及如何模仿動植物傷口自癒合功能，實現受損複合材料自癒合。還介紹了複合材料在各個領域裡豐富多彩的應用，並展望了 21 世紀急待創新性開發和應用的各種新型複合材料。

「病毒製造」介紹了如何利用病毒的自我複製和自組裝能力，透過基因改造，使得讓人感到恐怖的奈米級病毒顆粒反過來為人所用。具體介紹了基因改造後的 M13 噬菌體病毒，用作電池材料可以提高鋰電池電量和功率；用作生物模板製備奈米鐵顆粒，可以處理重金屬廢水，還可以介導製備鋅卟啉 - 氧化銥光催化劑分解水製氫。「生物煉製」介紹了以地球上可再生的生物質為資源，透過化工與生物技術相結合的加工過程，

將其轉變為能源、化學品、原材料等的基本概念、原理和典型過程，使讀者和觀眾了解到，生物煉製能夠部分或者全部替代石化煉製；生物煉製是一個可循環的生態工業過程，是解決能源與環境危機的重要發展方向。

「細胞工廠」介紹了如何依據合成生物學和代謝工程的原理，以工程設計的思路，改造並最佳化已存在的代謝通路，提高目標產品的產量，或者設計自然界不存在的、全新的生物合成途徑，實現大宗化學品、精細化學品和藥物化學品的合成，生動地揭示了細胞工廠技術將對解決人類面臨的能源、資源和環境問題產生的深遠影響。

本書可用於高中生課內外觀看和閱讀，擴大眼界，拓展知識，也可用於大學一年級新生的化學化工研討課，還可用於對大眾進行化學化工科普教育。

01

桌面工廠
Desktop Factory

寬闊的廠房，高聳的煙囪，龐大的儲罐，轟鳴的機器；化工廠在人們心目中總是與這些場景分不開，但科學家除了在建設這樣的龐然大物上下工夫之外，其實還為化工過程打造了一個袖珍王國。

通向未來化工世界橋梁的微化工系統
Bridge to the Future of the World of Chemical Engineering: Microstructured Chemical System

微化工系統是由小型化的、高度整合化的化工裝置構成的系統，它的出現變革了數百年來化工裝置大型化發展的策略，展示了化學工業的未來。微化工系統是基於化工最基本的傳遞強化原理，在精密加工技術的促進下發展而成。在實驗室裡，利用微化工裝置可以組裝「桌面上的化工廠」，在工業化的發展道路上微化工系統已經展開了初步的嘗試。本文將介紹微化工系統的基本原理、製造方法、內部奇特的物理化學現象和幾個典型的應用例項，展示微化工系統在精細化學品開發和生產中的應用潛力，指出其未來的發展方向。

1.1
引言

世界是由物質組成的。為了滿足生產生活的需求，人類祖先從自然界直接獲取各種天然物質。隨著社會的發展，特別是現代文明的出現，人類對物質的需求量越來越大，對於物質的性質和功能也提出了越來越高的要求，這種社會需求極大地推動了加工技術的不斷創新與發展，化學工業就是其中的典型代表。化學工業透過對自然資源進行一系列物理和化學轉化，實現各種功能和規格的化學產品的大規模生產，在現代社會中具有舉足輕重的地位。從化纖到輪胎，從水泥到油漆，從汽柴油到化學藥物，從太空梭到超級積體電路，我們身邊到處都有化學產品的身影，可以毫不誇張地說：沒有化學工業就沒有現代文明。

　　當我們在日常生活中享受化工產品為我們的生活帶來便利的時候，也不禁要問這些產品是如何生產出來的？我們都知道，若僅需要少量的化學品，化學家們在實驗室就可以完成，他們使用試管、燒杯、量筒、水浴等儀器，經過一系列反應和純化操作，就可以合成出所需要的化學品。但若產品的需求量龐大，如幾萬噸甚至上百萬噸的產品，就需要建設專門的化工廠。這些化工廠與實驗室的顯著差異在於生產工具發生了重大的變化，在實驗室用於化學反應的試管、燒瓶變成了以立方公尺來計量的攪拌釜，提純用的分液漏斗、蒸餾燒瓶變成了數十立方公尺的塔裝置，儲存化學品的試劑瓶變成了數百至數千立方公尺的儲槽，用於計量的量筒、天平變成了數位化的儀表，用於加熱的水浴變成了兆瓦級換熱器，步驟繁瑣的人工操作被自動化的連續生產線所代替。可以說，化學工業是將化學帶出實驗室，將分子轉化為「錢」，不斷創新經濟和社會效益的產業。

　　古代的釀造業可以說是化學工業的雛形，釀酒用的發酵釜和酒精的蒸餾過程就是原始的化工反應和分離過程。現代化學工業起源於工業革命時期，隨著機械加工、自動控制以及資訊化技術的發展，上百年來無數的化工科學家將化學家在實驗室的成果透過工程科學的運用實現了產業化。時至今日，化學工業的發展已經相當迅速，現代化工裝備已經實現高度的精細化和自動化，很多技術工藝也逐漸趨於成熟，可是數百年來化工裝備大型化的發展理念卻幾乎一成不變。為了不斷擴大產量，化工裝備逐漸向著大型化發展，化工裝置的體積越來越大，化工廠的規模、占地面積也越來越大，高聳林立的塔裝置、密密麻麻的物料管線、如繁星般燈火密布的生產工廠……在我們為這些偉大的生產建設而感到興奮的時候，也會發現化工似乎又常與汙染、危險等關鍵字相連在一起。因此，人們不禁要問：化學工業能否找到更理想的可持續發展模式呢？

現代文明不可能離開化學工業，而且隨著人口的增加，資源、能源以及環境壓力的增大，社會的發展對於化學產品的依賴也在不斷增加，圖 1.1 就是現代大型化工企業的一個場景。早在上個世紀，科學家們就已經意識到單一大型化的發展模式已嚴重制約了化工技術的創新，化學品產量和品質的提高應該源於生產效率和產品收率的提高。為了達到這一目標，化工專家們指出，新的發展模式和不斷深入的化工基本規律認知，是化工裝置和工藝創新發展的重要基礎。微結構化工系統就是這種模式的代表之一。

圖 1.1 大型化工生產企業

1.2
無處不在的傳遞現象

「天之道，損有餘而補不足」這句話出自老子的《道德經》，意思是大自然的規律，遵循的是減少多餘的，補給不足的。事實上，先賢早在 2,500 年前就道出了自然界一個普遍真理，也就是傳遞現象遵循的基本原則。

　　簡單來講，傳遞現象是指某物理量從高強度區域自動地向低強度區域轉移的過程，這是自然界和工業生產過程中普遍存在的物理現象。例如，氣球中的高壓氣體向周邊低壓環境的釋放；燒開水時高溫的火焰會向低溫的水提供熱量；水中的糖分會從較甜的高濃度區域擴散到較淡的低濃度區域等等。發生這些傳遞現象的根本原因是物理量的空間位置存在差異，造成了物質或者能量沿著一定的方向發生遷移，即傳遞過程。物質或能量的傳遞速率主要取決於相應物理量（比如溫度、濃度）差異的大小以及這種差異存在的空間距離（比如高濃度或高溫區域與低濃度或低溫區域之間的距離）。試想，燒開水時火焰溫度越高，加熱的速率就越快，水開得也越快；火焰離水的距離越遠，加熱的速率就越慢，水開得也越慢。物理量的差異與空間距離的比值，即所謂的「梯度」，它會直接決定傳遞速率的大小。

> ● 傳遞一詞源於對英文單字 transport 的翻譯，主要指物質和能量在空間和時間上的遷移，故名傳遞，關於傳遞科學的經典著作是 R. ByronBird, Warren E. Stewart, Edwin N. Lightfoot 編寫的 *Transport Phenomena*（John Wiley & Sons 出版）。
> ● 梯度是一個向量，它的方向指物理量成長最快的方向，大小是其單位距離上的最大變化量。物理量梯度是引發物理量傳遞的「推動力」。

　　日常的傳遞現象主要分為動量傳遞、熱量傳遞和質量傳遞。下面讓我們結合生活中的例項來認識它們。想像在靜止的水面上漂浮著的一艘小船，小船突然向前開動，船與靜止的水之間便會產生速度差，於是小船的運動會帶動船體周圍的水向同一個方向運動，而最靠近船的水的運

動又會帶動外圍的水一起運動，這樣一個運動不斷向遠離小船傳遞的過程就是動量傳遞過程。自然界中的動量傳遞現象很多，如風吹草動，河道變遷等。人類巧妙地利用動量傳遞的原理發展了許多技術來為生產和生活服務，如古代的水車、帆船，現代的風力、水力發電等。熱量傳遞也有很多典型的例子，如冬天暖氣裡的熱水溫度高，而室內的空氣溫度低，兩者之間存在溫度差，因此熱量便由熱水向暖氣片進而向室內的空氣進行傳遞，又比如我們冬天感到寒冷，其實感受到的是熱量正在由體表向周圍環境傳遞，我們穿上厚厚的衣服來禦寒，是利用衣服在身體與外界之間形成一個保溫層，從而降低向外界傳遞熱量的速率。質量傳遞也是隨處可見的，如將牛奶加入到咖啡中，咖啡中高濃度的牛奶與周邊的水形成質量濃度梯度，隨後牛奶不斷向相鄰的水體擴散，直至整杯咖啡都發生顏色改變（圖 1.2）。

圖 1.2 物質擴散現象

　　滴入咖啡中的白色牛奶起先聚集在一起，形成一個高濃度區域，這一區域與周圍流體產生濃度梯度，在擴散的作用下牛奶逐漸散開，最後形成均勻的溶液。

> ● 分子擴散，通常簡稱為擴散，是指分子透過隨機運動從高濃度區域向低濃度區域的傳播。擴散的結果是緩慢地將物質混合起來，在溫度恆定的空間中，擴散的結果是完全均勻混合，從而達到熱力學平衡狀態。

　　在大多數情況下，動量、熱量和質量的傳遞並不相互獨立，而是相互影響，甚至同時進行的。例如暖氣在向外傳熱量的同時也會製造流動，這是由於暖氣周圍的空氣溫度較高，密度較小，從而在暖氣上方會產生上升的氣流，並與周圍的空氣一同形成環流，這是一個動量傳遞的過程，同時，由於這種動量傳遞產生的空氣流動又加速了整個房間內熱量的傳遞，因此它是一個動量與熱量相互促進共同進行的例子。而在牛奶咖啡的例子中，搖晃杯子，動量由杯子壁向水體內部傳遞，引起水的運動，而這種運動將會促進牛奶的擴散，加快達到濃度均勻的衡狀態。由此可以看出自然界的傳遞現象十分複雜，掌握傳遞過程的基本規律對於人類認識自然十分重要。

　　了解了生活中的傳遞現象，再讓我們來認識化工生產中的傳遞現象，從而切身體會其在化工生產中的重要性。與大自然類似，化工生產中動量傳遞的宏觀表現形式主要是流體的流動，只要涉及流體流動的過程就有動量傳遞現象。在化工生產過程中流體（比如空氣和水）無處不在，動量傳遞現象也無處不在，因此流體輸送裝置是化工生產中的常見裝置。例如，水幫浦對管路中液體的輸送，反應器中的攪拌對流體混合都是典型的動量傳遞過程；在化工中幾乎每一個反應和分離過程都涉及熱量傳遞，如在蒸餾乙醇時的加熱，氧化反應中的降溫，冬季管道的保溫等；物質組成的改變和化學轉化是化工過程和主要目的，因此質量傳遞（簡稱「傳質」過程）也是化工過程的重要特徵，化工生產中物質提純、反應物混合都是傳質過程，任何化學反應同樣都離不開傳質過程。在設計存在缺陷的化學反應器內，反應放熱的速度可能比熱量傳遞的速度快得多，這會導致反應器內不同位置的溫度存在很大差異，這種差異反過來會影響局部的反應過程，使初始差異的影響被不斷放大，這是造成很多化學反應在大型反應器內難以控制，甚至出現事故的重要原因。

　　動量、熱量和質量三種傳遞現象在化工生產中有不同的表現，但它們都遵循一些相同的基本規律。例如，傳遞速率隨著傳遞面積和對應物理量梯度的增大而增大，加強流動對熱量和質量傳遞都有促進作用。對於一個存在化學反應的過程，傳遞速率會直接影響反應的程序以及產物的形態。如果我們仔細觀察自然界，我們也可以發現這樣的現象。例如，熱水壺中的水垢和溶洞中的鐘乳石的主要成分都是碳酸鈣，但任何人都能發現它們形態不同。我們可以從傳遞的角度來理解這種不同。在熱水壺中，持續不斷的加熱一方面促進生成碳酸鈣的反應快速進行，另一方面加快了水向空氣中的傳遞，使得碳酸鈣迅速析出沉澱，在幾分鐘內就可以形成水垢。而在溶洞中，低溫下碳酸鈣只能緩慢地析出，鐘乳石的生長需要至少上萬年的時間。因此，傳質速度不同使得相同的產物具有不同的固體形態（圖 1.3）。

左圖為鐘乳石型的碳酸鈣，由於水中的碳酸鈣含量很低，它的形成需要數萬年的時間。右圖為一般的水垢，它是在加熱過程中碳酸鈣迅速沉澱形成的。

圖 1.3 碳酸鈣的不同形態

　　在某種程度上，傳遞現象就像最富創意的藝術家，刻劃了自然界的面貌。有效地控制傳遞現象，我們也就有了「造物主」的力量。從自然界獲得的這一啟示中也可以看出，對於化學反應過程來講，其內部仍然蘊藏著以傳遞為代表的物理問題，因此處理實際化工生產過程需要綜合運用物理、化學、生物等基本知識，化工科學家擅長透過傳遞過程，實現對於化學反應和分離過程的精確調控。

1.3
微尺度傳遞與化工過程強化 ·······················

　　傳遞現象在化工生產過程中廣泛存在，如結晶、萃取、蒸餾等物質的分離純化過程。依靠物質和能量的傳遞來提純的最簡單的例子，就是碘單質萃取實驗（圖 1.4）。

圖 1.4 碘單質萃取實驗

　　左圖為傳統分液漏斗萃取，完成時間在 5min 左右；右圖為微通道萃取，完成時間在 10s 以內。

　　這個簡單的化學實驗依據了有機溶劑對於碘的溶解能力比水強這一基本原理。實驗首先在分液漏斗中進行油水兩相的混合，進而碘單質從水相傳遞進入油相，完成碘在油相中的富集。對於化學反應來講，因為只有反應物與反應物或者反應物與催化劑達到分子水平的接觸時，反應才會發生，因此反應物的傳遞會先於反應本身發生。實際化工過程中很多化學反應速率受限於傳遞的速率，科學家稱之為傳遞控制的反應過程。例如二氧化碳與氫氧化鈣之間的反應本質上可以瞬間完成，但是由於二氧化碳首先要溶解在水中，再經過質量傳遞到達鈣離子和氫氧根離子周圍才能發生反應，因此反應完成的快慢主要取決於二氧化碳在水中傳遞的快慢。可以看出，對於很多化工過程，提高傳遞速率是提高生產效率、實現過程強化的關鍵。

　　從傳遞的基本原理可以知道，物質和能量的傳遞速率與傳遞係數、傳遞面積和傳遞推動力有關，可以用公式（1.1）簡單表示。

01 桌面工廠
Desktop Factory

$$Nt = k \cdot a \cdot \Delta X$$

　　其中，Nt 表示傳遞速率，即單位時間、單位體積內的傳遞量；k 是傳遞係數，它與傳遞量的自身性質、所處的環境性質和體系的運動狀態等因素有關；a 表示單位體積內的傳遞面積，增加傳遞面積是提高傳遞速率的重要方法；ΔX 是物理量的梯度，也被稱為傳遞推動力。那麼如何才能提高傳遞速率呢？科學規律指出，傳遞係數與化工對象的物性及其內部物質流動狀態相關，其變化規律較為複雜，透過對操作條件的科學研究，可以有效地提升傳遞係數。傳遞面積與裝置結構或者裝置內部流體的混合狀態直接相關，在一定情況下，提高化工裝置內部流體的比表面積可以顯著提高傳遞過程速率。質量和熱量傳遞過程中的推動力就是物質的濃度或溫度梯度，在相同濃度差或溫度差的情況下，如果傳遞距離更短，梯度就更大，也就更有利於傳遞速率的提高。

> ●化工過程所指的傳遞或反應速率，主要指單位時間、單位空間的物質的傳遞量或者反應量，單位一般為 mol/(m3‧s)，並非單位時間物質的運動距離。
>
> 　　過程強化是指在生產和加工過程中運用新技術和新裝置，極大地減小裝置體積，極大地增加裝置生產能力，顯著地提高能量效率，大量地減少廢物排放的方式。過程強化是在 1995 年第一屆化工過程強化國際會議上由 Ramshaw 首先提出。

　　從以上分析可以看出，化工過程的生產效率與生產對象所處的空間狀態直接相關。假設有直徑和高度都是 1m 和 1mm 的兩個圓柱體反應器 A 和 B，在同樣的物理量差異下（例如反應器中心與壁面之間具有相同

的濃度差），不管這個物理量是溫度、濃度還是速度，B 中的物理量梯度都將比 A 中大 1,000 倍。同時，比較這兩個圓柱狀反應器的比表面積，B 也比 A 大接近 1,000 倍。正如前面提到的，傳遞速率隨著物理量梯度和傳遞面積的增大而增大，不考慮其他因素的作用，這兩方面的影響使得在處理相同體積物料時，B 中物理量的傳遞速率可以比 A 中高近 100 萬倍，這就是所謂的化工過程的尺度效應。這個例子只是一個理想的化工過程，實際化工過程的尺度與裝置、物質體系、流動狀態等多種因素有關。一般化工過程的尺度主要指決定其傳遞和反應速率的尺度，簡稱特徵尺度，例如換熱器中列管的直徑是它的特徵尺度，萃取塔中油滴或水滴直徑是它的特徵尺度等。

　　基於化工過程特徵尺度的基本原理，可以清楚地了解到，將傳統化工過程中公釐到公尺級的特徵尺度降低到微米級，可以大幅提高裝置的生產效率，降低裝置體積和化工廠的占地規模，這也就是科學家心目中的現代化工的發展方向。科學家將特徵尺度在微米量級的化工過程稱為微化工過程，而微化工過程的實現主要依靠先進加工技術製造出的微結構化工裝備，簡稱微化工裝備。由微結構化工裝備組成的用於生產的反應和分離系統被稱為微結構化工系統，簡稱微化工系統。由於具有微米級的特徵尺度，這就意味著在微結構反應器、混合器、換熱器等化工裝置中，傳遞速率將得到極大地提高。

　　以微結構換熱器（圖 1.5）為例，研究結果顯示，雖然流體在數十微米特徵尺度的流動通道內的傳熱係數略有下降，但是由於通道比表面積大幅度提高，總傳熱速率比傳統換熱器仍有 1 ～ 2 個數量級的提升。對於特徵尺度（液滴平均直徑）在數百微米的油水兩相傳熱效能的研究結果顯示，其傳熱係數可以達到 $MW/(m3 \cdot K)$ 的水準，比傳統過程的傳熱速率

圖 1.5 微結構換熱器

高一個數量級，在小於 1s 的物料接觸時間裡就能完成 90％的傳熱過程。與傳熱規律類似，微尺度下的兩相間傳質效能也較傳統化工裝置有了大幅度提升。例如微尺度下油水兩相間的傳質速率較公釐尺度下的體系高 2 ～ 3 個數量級，微尺度下油氣兩相的傳質速率較公釐尺度體系高 1 個數量級，很多傳質過程在數公分長的微通道內就可以完成。因此，微尺度條件下優異的傳遞效能為實現化工過程微型化提供了科學基礎。

微結構換熱器簡稱微換熱器，其內部沒有使用傳統的管道換熱，而將這些管道以長寬數十微米的微通道的陣列的形式構成，冷熱兩股流體分別流經相鄰的微通道，通道之間透過金屬導熱完成熱量交換，這種微通道換熱器的換熱能力遠高於常規換熱器，並且體積大幅縮小。

●比表面積指單位體積內物質表面積，單位是 m2/m3。數量級是科學常用概念，一個數量級代表 10 倍，兩個數量級代表 100 倍，以此類推。

隨著研究的不斷深入，科學家們發現減增大，反應器表面性質對流體流動的影響十分顯著。這種表面作用與流體的慣性運動相比，更容易被控制，這為人們按照自己的想法去引導流體流動，進而為利用特定的流動完成特定的任務創造了條件。例如，在數十微米至數百微米的通道內，在保證穩定的流體輸送的前提下可形成柱狀流、滴狀流等豐富的多相流型，利用特殊設計的微分散結構還可以構造出水包油包氣、水包油包水等複雜的多重乳液結構（圖 1.6）。

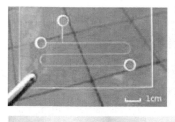
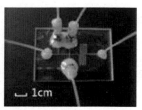

圖 1.6 微通道與其內部多相流動過程

上圖為微通道照片；中圖為微通道內氣液液三相流動照片，其中深色是柱狀氣體，研究者稱為氣柱，淺色是滴狀液體，研究者稱為液滴，它們周圍的是連續的水溶液；下圖為微通道內氣液液三相多重乳液，可以看出液滴內部包裹有多個氣泡。

●在物理化學中，相是指一個宏觀物理系統所具有的一組狀態。處於一個相中的物質擁有相同的化學組成，而其物理特性（如密度、晶體結構、折射率等）在本質上是均勻的，不隨位置而變化。簡單來講，日常生活中的氣、液、固就是不同的三相。

乳液，嚴格名稱為乳濁液，是指一相液體以微小液滴狀態分散於另一相中形成的非均相液體分散體系。由油和水混合組成的乳液根據連續相和分散相不同，分成油包水型乳液和水包油型乳液，而多重乳液則是指液滴內部還包含液滴的多重結構乳濁液。

此外，在微尺度條件下化學反應過程的可控性、安全性等難題也有望得到解決。例如，隨著反應器效率的提高，反應器內滯存的化學物料量將減少，由化學品滯存帶來的安全隱患將被抑制，就好比一個只含 1g 火藥的爆竹和一個裝滿爆炸性物質的火藥桶相比，前者的安全性顯然要

好得多。同時物料在反應器內的停留時間大大減少，對反應器內危險性因素的監測將更加及時甚至即時化，現代資訊和自動控制技術可以更好地實現保證化工生產安全的作用。

透過上面的分析，我們知道，利用微結構化工裝置可以有效地強化和傳遞過程，進而使化學反應的歷程和反應器內的溫度、壓力等得到更加精細和及時的控制，提高化學品生產過程的安全性和效率，減少不必要的能源、資源消耗和因反應條件偏離最佳化條件而產生的副產物。將一系列微結構反應器按化學品生產的流程整合在一起構成一個系統，就可以將微結構反應器的優勢移植到完整的化學品生產過程中去，開創既能更好地造福人類又能保證人類安全的、可持續的化學工業新紀元，而微結構化工系統將是支撐這個夢想的重要基石。

1.4
精密製造與微化工裝置

從學術意義上講，微結構一般是指典型尺寸小於 1mm 的結構。與之相比，我們日常看到的水管、水杯等，它們的典型尺寸一般在公分以上，而在化工生產中直徑幾公尺甚至幾十公尺的容器並不少見。由於傳統的機械加工方法不能用於加工微結構化工裝備，微化工技術的進步其實是得益於近幾十年來微加工和微機電技術的發展。常用的微化工裝置由金屬、塑膠、玻璃、矽片和陶瓷等材質製成，不同材質的微結構裝置所使用的微加工技術也不同，下面我們將對這些主要的加工方法做一個簡單的介紹。

　　由於具有良好的加工性和穩定性，由金屬材料製成的微化工裝備是微化工系統的主力軍，目前最為廣泛使用的是不鏽鋼材質的微化工裝置。由於金屬具有良好的導電性、導熱性和易於形變等特點，作為微反應器、微混合器核心部件的微結構，主要是透過沖壓、壓花、電火花刻蝕、雷射刻蝕等方法完成加工過程。在實驗室裡電火花刻蝕和雷射刻蝕是較好的加工方法，因為它們不需要專用的模具或者切割刀具，適合自動化操作，能夠根據研究者的需求製造各種微結構裝置，圖 1.7 是雷射器在切割金屬微通道時的場景。機械沖壓和壓花等方法適用於微結構裝置的大規模製造，這兩種加工方法成本低廉，但需要專用的精密機械。

圖 1.7 微通道的雷射加工過程

　　儘管金屬微化工裝置具有良好的穩定性，但是不透明的材質不利於直接觀察內部的流動、混合與傳遞的即時狀態。為了能夠實現微尺度下多相流動的直接觀察，以有機玻璃（PMMA）、聚甲基矽氧烷（PDMS）為代表的微流動晶片應運而生。通常使用塑膠作為壁面材質，使用數控機床的精密雕刻，3D 列印（圖 1.8）或精密鑄造技術是製作透明微晶片的主要方法。PDMS 微晶片是目前最廣為使用的微通道裝置，大致的加工流程是首先製備光刻膠或者矽片等陽模（凸結構）作為微通道的模板，再將 PDMS 溶液澆築在陽模上形成微通道陰模（凹結構），最後透過等離子體輔助鍵合的方法將微通道和另一片 PDMS 板或玻璃板封裝。

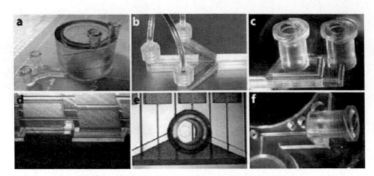

圖 1.8 用透明塑膠材質製成的各種微通道

透明的微通道裝置儘管有利於顯微觀察，但是這種裝置既不耐腐蝕也不能用於高溫高壓過程，因此一般只能用於溫和體系的研究工作中。為了解決強度的問題，人們發明了玻璃微晶片裝置。玻璃微晶片的製作過程相對複雜，需要選擇特種玻璃材料，透過鹼溶液或者氟化氫將玻璃表面刻蝕出微結構。由於使用的是刻蝕法，這些微結構的深度有限，一般低於 50μm。同時對於玻璃微通道的密封和管道連接工作也需要專門的

圖 1.9 矽片微通道晶片

處理過程。除了玻璃微晶片之外，使用矽片為基板製作微通道也是一種加工微化工裝置的好方法。相對於玻璃，矽片更為穩定，而且在電子工業的帶動下，矽片的加工技術較為成熟，使用矽片製作的微通道其深度也可以超過玻璃微通道，透過化學刻蝕獲得的矽片再與特種玻璃鍵合形成的微通道能夠承受 300°C 的高溫和數百個大氣壓的壓力。美國麻省理工學院化工系是矽片微通道裝置的主要研究單位之一。矽片微通道晶片的刻蝕和封裝如圖 1.9 所示。

左圖展示了刻蝕在矽片上的微結構,為了便於觀察,研究者一般也將矽片微通道用玻璃封裝,這樣可以使用常規的顯微裝置觀察其內部的流動和反應狀態;右圖為封裝好的微通道裝置。

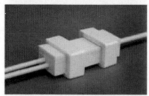

圖 1.10 陶瓷微通道反應器

對於更高溫度的化學反應來講(一些氣相的化學反應溫度可達 400 ～ 600° C),無論是金屬還是矽片製作的微化工裝置都將不能滿足其要求,唯一可以使用的材質就是陶瓷材料。由於陶瓷是燒製而成,因此在燒製前將毛坯表面製作出微結構就可以用於製造微化工裝置(圖 1.10),但由於陶瓷微反應器的燒製工藝十分複雜,要將不同燒製過程製作出的微結構零件拼裝成完整的微化工裝置仍然困難,目前這種微反應器的研究比較少,主要也是受限於其苛刻的製造工藝。

1.5
桌面工廠 ── 神奇的微化工系統 ·······························

2003 年 6 月 16 日和 2005 年 5 月 30 日,美國化學會權威雜誌 *Chemical & Engineering News* 在不到兩年的時間內,先後發表了兩篇敘述微化工技術進展的封面報導,足見微化工技術自 1990 年代出現以來,已迅速成為國際化工領域的一個焦點。隨著研究和應用的深入,科學家對微反應器、微混合器、微換熱器等微化工裝置的優勢有了越來越清晰的認識。研究者和產業界普遍認同微結構裝置可以提供比常規裝置大若干個數量級的比表面

積，極大地強化傳熱過程，抑制在強放熱或強吸熱反應體系中局部溫度和壓力的劇烈變化，使化學反應在接近等溫的條件下進行。除傳熱外，微結構反應器的混合和物質傳遞也可以被強化，混合時間可以縮短至幾毫秒，傳質對反應的影響也可以大大減少。由於微小的體積，微結構反應器內的壓力和溫度比常規反應器更容易控制，這使很多化學反應可以在更接近甚至超出以往知道的安全極限條件下進行，特別適合放熱劇烈的反應、反應物或產物不穩定的反應、對反應物配比要求嚴格的快速反應、危險化學反應，以及高溫高壓反應、奈米材料及需要產物均勻分布的顆粒形成的反應或聚合反應等，為追求高效率和環境安全的化工生產開啟新的窗口。

在深入認識微化工裝置獨特效能的基礎上，科學家還發現微化工裝備的小體積和高效率為在實驗室建造小型的生產工廠或者小型工廠成為可能。按照生產工藝將微反應器、微混合器、微換熱器等裝置透過微管道連接起來，結合輸送幫浦、控溫系統、壓力儀表等過程控制方式，就可以建構一個個具有生產能力的「化工工廠」。因為這些微化工裝備主要布置在桌面上，所以又被科學家具體地稱為「桌面工廠」。為了深入認識桌面工廠的建構和執行，下面我們將以實驗室中合成過氧化氫為例，了解微化工裝置的設計原理以及什麼是神奇的桌面工廠。

過氧化氫（H_2O_2）在西元 1818 年由法國科學家 Thenard 發現，其分子結構如圖 1.11 所示。由於它在大多數情況下都具有比氧更強的氧化性，且反應後轉化成水，因此常常作為一種高效、清潔、應用面廣的氧化劑而受到人們的重視和青睞。在紙張、紡織品、食品的氧化、漂白及消毒，廢水中有機和生物汙染物的氧化降解等一系列既涉及氧化，又對環境和人體安全有嚴格要求的生產過程中，人們首先想到和使用的就是過氧化氫。那麼過氧化氫是如何生產出來的呢？

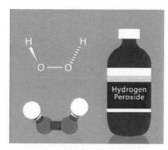

圖 1.11 過氧化氫的分子結構
及其產品

過氧化氫，俗稱雙氧水，是除水外的另一種氫的氧化物。純淨的過氧化氫是淡藍色的黏稠液體，黏性比水稍高，化學性質不穩定，一般以 30% 或 60% 的水溶液形式存放。過氧化氫有很強的氧化性，且具弱酸性，在醫療、印染、化纖合成等多個領域被廣泛使用。

　　如果直覺地看過氧化氫的分子結構，我們很容易想到讓氫氣（H2）和氧氣（O2）直接結合獲得，在生成過氧化氫的過程中似乎可以利用所有的氫元素和氧元素，而且沒有任何副產物。事實上，在有催化劑存在的條件下，氫氧直接合成只能得到少量過氧化氫，更多的產物則是水（圖 1.12）。這是因為氫氣部分氧化生成過氧化氫會放出大量熱量，足以使溫度達到氫氣在氧氣中自燃的溫度，從而引發氫氣和氧氣生成水的燃燒反應。這一燃燒反應不需要催化劑，而且隨著溫度的升高，反應加快，熱量釋放會加快，使得溫度升高也加快，最終使該反應過程不可控制。為避免燃燒現象的發生，必須在反應一開始將反應熱及時移走，而這在我們所熟悉的常規化學實驗中是無法做到的。隨之而來的另一個嚴重問題是，當人們試圖把燃燒反應限制在一定體積的反應器內時（這對於每一個實際得到產品的生產過程來說都是必要的），不可控制的溫度升高所引起的氣體膨脹還將極有可能導致災難性的後果 ── 氫氣爆炸。化學家現在已經知道，在我們所熟知的毫升級的容器或更大的空間內，氫氣在與氧氣的混合氣體中體積含量為 4.0%～ 74.2% 時就可以發生爆炸。因此，很久以來，人們都認為「不能採用氫氣和氧氣直接合成過氧化氫」。

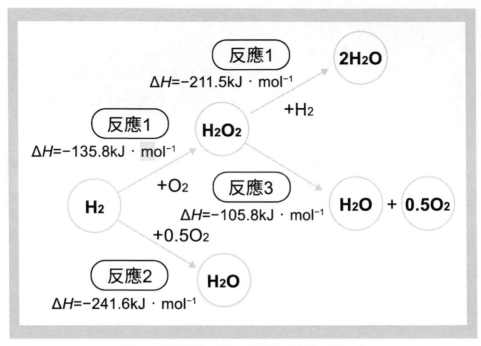

圖 1.12 過氧化氫直接合成過程中所涉及的反應

> 圖中一個箭頭表示一個反應步驟，ΔH 是該反應的反應焓，可以將這一數值簡單理解為反應放出的熱量，由於放出熱量使體系自身能量降低，因此放熱反應的反應焓為負值。

為了挑戰氫氧直接合成過氧化氫反應過程的可控性和安全性，科學家發明了間接法來解決過氧化氫的生產問題。間接法的設想是，找到一種載體分子依次與氫氣和氧氣接觸發生反應，避免氫氣與氧氣直接接觸，載體的存在及其與活潑氫原子的相互作用，可使反應物質濃度和氧氣反應的強度大大降低，從而安全地完成過氧化氫的生產過程。在目前工業上最成熟的過氧化氫生產方法為蒽醌法，它是以蒽醌類化合物（通常為 2- 乙基蒽醌）作為載體間接完成過氧化氫的合成。

在蒽醌法中，溶解有蒽醌類化合物的溶液稱為工作液。在生產過程中，首先對工作液進行加氫反應，使蒽醌和氫氣在金屬催化劑（通常是金屬鈀）的催化作用下反應生成氫化蒽醌；然後對加氫後的工作液進行空氣氧化，使氫化蒽醌和空氣中的氧氣接觸反應，重新生成蒽醌並得到過氧化氫；最後使工作液和水接觸，過氧化氫溶解在水中得到過氧化氫水溶液，並使工作液恢復到加氫前的狀態，進而可以反覆循環使用，圖1.13 為工業上合成過氧化氫的生產裝置。

圖 1.13 工業上合成過氧化氫的生產裝置

工業上過氧化氫的生產分為加氫、氧化、萃取三步，它們在三個不同的塔裝置中完成。

在上述生產過程中，為保證安全，工作液中有效載體蒽醌的濃度較低，工作液的循環量可以達到過氧化氫生產量的數百倍。採用這種方法，在一個工廠裡每年可以生產數十萬噸的過氧化氫水溶液。然而，使用如此大量的工作液仍存在一定的風險。原因在於，工作液是由揮發性的有機物組成的，其本身在一定條件下是可燃和易爆的。另外，工作液的循環不僅需要大量電能，而且容易在與空氣等氣體接觸反應時被帶到環境中而造成汙染。同時，蒽醌法仍需要小心操作，因為使如此大量的工作液升溫和降溫仍然是相當困難的，一旦發現工作液中的熱量開始累積，其帶來的潛在危機將在很長一段時間內存在並且難以被及時地控制。蒽醌法過氧化氫生產裝置至今仍是工業事故最為頻發的化學品生產裝置之一。

　　針對這個危險的化工過程，20 世紀末，德國的研究者加工了一個有趣的裝置。他們採用電子工業中常用的方法，即在一個矽片上刻出了一條深約 500μm、寬約 300μm、長 20mm 的劃痕，在其中埋入鉑絲，然後用另一個矽片把劃痕封閉成一個微小的通道。他們從微通道的外部對鉑絲通電加熱，並向其中通入氫氣和氧氣。此時，氫氣並沒有像他們之前預料的那樣在常溫條件下被點燃；直到兩種氣體透過鉑絲加熱到 100℃以上時，他們才在微通道內觀察到燃燒生成水的反應，而且反應過程非常平穩，沒有發生爆炸現象。這個簡單的實驗給我們一個啟示：在微通道內，氫氣氧化反應的溫度是可以控制的，利用氫氣部分氧化直接生產過氧化氫在操作上是可能的。之後，有一系列報導指出，利用具有類似微通道的微小結構及其陣列作為工作空間，過氧化氫的直接合成過程在實驗室或者更大裝置內都是可以實施的。

　　那麼，是什麼造就了微通道反應器在過氧化氫生產中的神奇表現呢？反應器有了微結構，為什麼就能把氫氧相遇發生爆炸的危險化於無形呢？答案就是與前面說的微結構有關。實際上爆炸是一種瞬間的能量釋放過程，在化工過程中，這種形式的釋放往往源於劇烈放熱的化學反應中，壓力的累積達到一定限度而產生的瞬間能量釋放。化學反應的發生與否和發生強度大小都與物質組成、溫度、壓力狀態有關，控制好其中所有環節就可使化學反應處於可控的條件下。在反應過程中，整個體系中任一時刻的物質組成、溫度和壓力狀態，除了受反應影響外，還都受傳遞現象的控制，在微通道內能夠可控地完成氫氣與氧氣的反應，這主要得益於微通道極強的散熱能力。可以簡單地說，當微通道的散熱速率強於反應的放熱速率時，反應系統就不會產生熱量的累積，也就不會引發爆炸。

　　微結構反應器與常規裝置的區別，不在於反應本身，而是在於對傳遞過程能夠有效強化和控制。想像一下，我們節日中常用作裝飾的氣球，當我們用針刺它的時候，它會在內外壓力差的作用下在微小的針孔處破裂；當我們把吹氣口解開時，它卻可以安全地將氣體釋放出來。如果我們將氣球視為反應器，將氣體從氣球中的排出視為氣體的傳遞，顯然傳遞越快反應器越安全，微結構反應器從某種意義上就是利用了這個原理。基於微通道反應過程的基本原理，科學家們設計了用於過氧化氫合成的微反應器，它直接使用氫氣和氧氣作為反應物，透過負載在微通道壁面的催化劑實現過氧化氫的製備，整個微通道裝置可以透過微加工的方法製作在一個手掌大小的晶片上面。目前利用氫氣（同位素氕）和氧氣直接合成過氧化氫的研究主要停留在實驗室階段，科學家們正努力改進催化劑以提高過氧化氫的收率。

　　和德國科學家的實驗相比，這是一個改進的微通道反應器，其內部通道高度在 300μm，填充有球狀的催化劑顆粒。反應原料是氫氣和氧氣，它們分別由不同的位置進入含有催化劑的通道，為了收集反應產物，水被作為助劑也加入到反應系統中。

　　對於過氧化氫的合成來說，由於把原來的加氫、氧化、萃取三步反應用一步反應代替，因此整個合成過程變得更為簡潔。而對於更為複雜的反應過程則需要將微反應器、微萃取器、微換熱器整合在一起。為了建構小型的桌面工廠，工程師們將微反應器製成模組化的裝置，這些小型的裝置可以像積木一樣拼接在一起，構成名副其實的桌面工廠。這些桌面工廠的工作效率無疑要遠高於化學實驗所使用的試管燒杯等手工裝置。利用這樣的桌面工廠，化工科學家們已經對於加氫、氧化、磺化、

鹵化、硝化等眾多化學反應的基本規律進行了深入的研究，為微化工技術的工業化奠定了基礎。

1.6
微化工系統在工業生產中的應用初探 ·····················

　　化工新技術的產業化應用是其關鍵價值所在。儘管微化工技術的出現已經超過了 20 年，但是大多數研究還主要停留在實驗室階段，例如前面介紹的氫氧直接合成過氧化氫技術，其距離工業生產還有很長的距離。要將實驗室內的微化工系統的產能進行放大，就需要對微化工裝置本身進行放大。微化工裝置的放大主要採取數量放大的模式，即將微結構的數量增加以提高整個裝置的生產能力。隨著研究工作不斷深入，眾多研究者也發現簡單地採用數量放大並不一定能夠完全滿足微化工裝置的工業應用要求，綜合運用結構調整、結構最佳化等更為複雜的放大策略也是微化工系統研究的重點內容。在關於放大策略研究的基礎上，一些工業級微結構裝置的雛形已經誕生，並在工業應用過程中得到了測試。目前少量的微化工過程達到了百噸級乃至千噸級的年產能，具備了實現工業生產的初步能力，下面我們將透過兩個例項來講述微結構化工系統是如何推動化工生產變革的。

　　第一個例子是微結構化工系統在化纖單體合成中的應用。己內醯胺是一種重要的化纖單體，在紡織、汽車、電子、機械等領域有著廣泛的應用。其聚合產品尼龍 6，具有良好的機械強度和耐腐蝕性，能夠被進一步加工成為樹脂和薄膜等功能材料，也被廣泛製成衣裝、絲線和地毯等生活用品。正是由於己內醯胺的效能優異，到目前為止，人們還沒有發

現一種可以真正替代己內醯胺的材料。但遺憾的是，己內醯胺生產過程的核心反應基本都涉及多個反應物的混合，具有反應速度快、放熱量大和副產物多等特點，如果對反應過程控制不當，將不可避免地造成廢棄物排放量大、分離純化產品成本高、生產過程的安全性差等後果。以甲苯法生產己內醯胺為例，其核心反應之一的「預混合反應」在釜式的反應裝置中進行，採用物料循物剛被加入反應器不久便被攪拌到靠近出口的位置而被排出反應器，不能獲得有效的接觸機會和充足的反應時間，而有些反應物則會在反應器中停留很長時間，導致反應過度而轉化為副產物。工業裝置上該反應的總選擇性不足 90%，意味著大量的原料直接變成了副產物，並且成為嚴重的環境隱患。

> 己內醯胺是 6- 氨基己酸（ε- 氨基己酸）的內醯胺，也可看
> 作己酸的環狀醯胺，分子式為

造成該反應選擇性和效率低下的原因主要是由於傳質速度慢、反應時間無法精確控制等。據此，化工科學家們利用微結構化工系統的設計思想，發展了新型、高效的反應裝備。透過微結構反應器的使用，研究者使得反應物液滴尺寸從傳統的公釐級降到微米級，大幅度增加了反應物之間的接觸面積，加快了傳質速度。同時反應器內的所有物料的停留時間可以達到幾乎完全一致，從而實現反應時間的準確調控。利用微反應系統在不足 1s 的時間內就可以完成預混合反應，並且可以實現 97%以上的高選擇性。對於己內醯胺生產企業來講，選擇性提高 1%就意味著企業增加了上千萬元的收益，並且減少排放了數百噸的廢水、廢氣等汙染物。而相比於物料在傳統反應器中平均需要停留 5min，微反應系統不足 1s 的停留時間，使得反應器所需的體積顯著縮小，從而減少

了工廠的占地面積甚至裝置投資等投入。目前利用微反應技術實現預混合反應，已經進入每年百噸級產能的工廠試驗階段，圖 1.14 是年產 500t 的己內醯胺的預混合反應器。相信在不久的將來，這一新技術就能取代現有的工藝過程，向實現「綠色的己內醯胺合成過程」邁出重要的一步。

圖 1.14 500t/a 產能己內醯胺預混合反應微反應器

● 用於完成甲苯為原料的己內醯胺生產中「預混合反應」的微反應器，僅有兩個手掌大小。

第二個例子是微結構化工系統用於超細顆粒材料的製備。超細顆粒（奈米顆粒）一環的方式對物料進行混合。由於反應物不完全互溶，總會有一些體積較大的液滴無法與周圍反應物充分接觸，這就如同向盛有清水的碗中滴入食用油並用筷子不斷攪拌的過程般，是指尺寸在 1 ～ 100nm 的微小固體顆粒，包括金屬、非金屬、有機和無機等多種粉體材料。由於顆粒尺寸小，使得顆粒中包含的原子、分子的數目為有限多個，這樣顆粒的表面分子、原子所占的體積比明顯增大，表面電子結構、晶體結構發生變化，由此產生了超細顆粒的一些特殊效應：小尺寸效應、表面與界面效應、量子尺寸效應和宏觀量子隧道效應等。這些效

應導致超細顆粒的電學、磁學、熱學、光學、化學和力學等方面的效能明顯不同於塊狀材料，從而具有重要的應用價值。在人們不斷地研究和關注下，超細顆粒在磁性材料、感光材料、催化材料、陶瓷材料、半導體材料、生物醫學材料等方面有著廣泛的應用，在太空、電子、冶金、化學、生物、醫學等領域也有著廣闊的應用前景。

　　針對超細顆粒材料的製備，人們展開了大量的研究工作，尋找可以較好控制顆粒尺度、尺寸分布以及分散效能的製備方法。其中，透過在液相進行沉澱反應的液相沉澱法一樣。另外生產過程是連續進行的，反應器在進料的同時也在向外排出物料，有些反應因具有操作條件易於控制、反應活性高、提純方式多、易於控制顆粒的粒度和形狀、工業化生產成本低等優勢，得到的研究和應用最多。液相中超細顆粒的製備過程從本質上講，是顆粒的成核與生長過程。體系中高的過飽和度利於成核，低的過飽和度利於顆粒的生長。因此，平衡顆粒的成核生長關係，是得到所需尺寸顆粒的關鍵。在製備尺寸小的顆粒時，要求參與沉澱反應的反應物快速均勻混合，迅速達到高的過飽和度，滿足顆粒的成核條件，實現大量成核，減少顆粒的生長量。在實際生產過程中就要使不同組成的原料在加入反應器後即刻達到空間上的完全混合，以保證沉澱反應條件的均勻，得到尺寸可控而且分布窄的超細顆粒。因此混合效能的好壞將直接決定所製備超細顆粒材料的品質。而混合效能往往受到反應器種類、操作條件、流體流動狀況等眾多因素的影響，如傳統的攪拌式反應器往往由於不能提供與沉澱反應相搭配的快速混合，使得反應器內不同位置的過飽和度差異很大，常常會出現所製備的奈米顆粒尺寸不均勻且容易團聚的問題。

　　微結構反應器的出現為強化混合、提供均勻反應環境帶來了可能。在微結構反應器中，流體可以被分割成流體微團，混合速度快、傳質效率高，從而較好地實現了高過飽和度和反應環境均勻等要求。因此，將微結構反應器用於超細顆粒的製備，實現顆粒尺寸和分布的可控，不僅成為人們關注和研究的焦點，未來還可以用於大規模工業生產多種奈米顆粒。例如，在微反應器內合成奈米二氧化矽，用磷肥生產的副產物氟矽渣和氨氣為原料，透過設計以微結構反應器為主體的化工過程，充分發揮微結構裝置易於調控、換熱面積大等的優勢，成功製備了品質較好的奈米二氧化矽顆粒；在合適的溫度和 pH 條件下，透過簡單調節反應物的濃度和流量，可以在 20 ～ 140nm 範圍內調節顆粒的粒徑和形貌，使產品的比表面積達到 $400m^2/g$。

　　目前在工廠實驗階段，微反應器的處理能力已經達到每年 3,000t 的奈米二氧化矽產量。又如奈米碳酸鈣的合成，相信大多數人在學生時代都親自做過石灰水溶液中的碳酸鈣沉澱反應的實驗。但是透過此沉澱反應製備奈米級的碳酸鈣顆粒並不是一件容易的事，這是因為奈米碳酸鈣顆粒的合成速度主要受到二氧化碳在兩相間傳質的影響，即二氧化碳分子從氣體進入液體的過程，如果不能快速完成此過程，則碳酸鈣大多以微米級的顆粒沉澱出來，也就是我們在向試管中通入二氧化碳氣體時常見的現象。研究結果顯示，利用微結構裝置獲得二氧化碳和石灰乳的氣液微分散體系，可以增大氣液接觸面積，加快二氧化碳與氫氧化鈣的反應，進而快速實現碳酸鈣的沉澱。目前工業化的微反應器已經成功製備出高品質的奈米碳酸鈣顆粒（圖 1.15）。

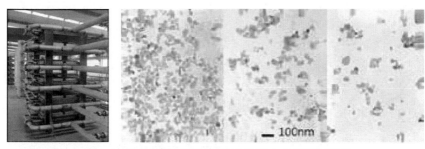

圖 1.15 萬噸級微反應系統及其製備出的碳酸鈣顆粒

　　上圖為微反應系統照片，這個反應系統由 6 臺相同的微反應器構成，每個反應器內包含 1,000 個反應單元，下圖為製備出的 30nm 碳酸鈣顆粒電鏡照片。

　　● 奈米二氧化矽俗稱白炭黑，是一種多功能的新增劑，廣泛應用於矽橡膠、油漆、造紙、食品、化妝品等行業，可造成觸變、消光、增稠、補強等作用。工業用的白炭黑常為水合二氧化矽，分子通式為 $SiO_2 \cdot xH_2O$，其最大用途是作橡膠的補強填料，以米其林為代表的高級汽車輪胎都以高品級白炭黑作為補強劑使用。

　　● 奈米碳酸鈣是一種上等填充材料，它具有普通碳酸鈣所不具有的量子尺寸效應、小尺寸效應、表面效應和宏觀量子效應。與普通產品相比，奈米碳酸鈣在補強性、透明性、分散性、觸變性等方面都顯示出了優勢，因此其廣泛地應用在橡膠、塑膠、造紙、油墨、膠黏劑等領域。

1.7
微化工技術的未來 ·····

圖 1.16 未來的桌面工廠

　　讀到這裡，你心目中的化工廠還只是巍峨聳立的煙囪和高塔，以及樓房一樣大的油罐嗎？你心目中的化工還是危險和汙染的代名詞嗎？今天，微結構化工系統的出現，正在改變化工廠和化學工業的面貌，過去動輒幾百上千公頃占地面積的工廠、動輒幾十上百個塔和罐子才能完成的生產，可能只需一張辦公桌大小的微化工系統即可安全高效地完成（圖 1.16）。將來有一天，當我們可以像操作平板電腦一樣操作我們的桌面化工廠時，化工將會被打上綠色和安全的標籤。從理性的角度講，化工技術的發展實際是一個漫長的過程，這也是科學認知和技術進步的客觀規律，由於化工技術的複雜性和在工業生產中各方面的考量，一項新的化工技術的大規模工業應用一般都需要數十年的時間。在我們眼前，微化工系統正在為我們鋪設一座通往嶄新化工世界的橋梁，相信你也可以成為設計者和建設者。

02

電力銀行
Electricity Bank

光明是自然的賞賜，也是人類為自己創造的禮物。電力支撐了光明，支撐了動力，支撐了現代化生活的一切活力。生產，生產，生產，為了滿足生活中越來越大的電能需求，人們不惜挾持風，操控水，綁架太陽，掏空地下。但，電是永不停息的精靈，不斷運動才是她的本性。為電設計無止境的運動場，讓電可以像錢一樣儲存在特殊的銀行裡，存取自如。

02 電力銀行

電化學能量轉化與儲能
Electrochemical Energy Conversion and Storage

本文從社會發展的客觀需求出發，在回顧鉛酸電池歷史和技術進步歷程的基礎上，介紹了幾種代表未來方向的電化學儲能技術與研發現狀，包括全釩液流電池、鋅溴液流電池、鈉硫電池、金屬空氣電池，普及了電化學儲能科學知識。事實上，電化學儲能產業與新能源開發、電動汽車發展和智慧電網都緊密相連。透過電化學儲能，可以實現電能和化學能的相互轉化與儲存，類似於把電儲存在銀行裡，根據需求隨時存取。所以，為人類送來光明和溫暖的陽光，不僅能夠照亮白晝，也必將照亮夜空，真正成為人類社會持續發展的「永動機」。

●我們即將步入一個「後碳」時代。人類能否可持續發展，能否避免災難性的氣候變化，第三次工業革命將是未來的希望。第三次工業革命將會把每一棟樓房轉變成住房和微型發電廠。

摘自《第三次工業革命》（*The Third Industrial Revolution; How Lateral Power is Transforming Energy, the Economy, and the World*），傑瑞米・里夫金（Jeremy Rifkin）

2.1
引言

從古至今，人類生活的地球，圍繞太陽進行年復一年的公轉，與此同時，日復一日地進行著自轉。生活在地球上的人們，坐地日行八萬里，每天看著太陽從東方升起，向西方落下，已經習以為常。由於地球的自轉運動，當陽光無法直射到人們的生活區域時，黑夜便降臨，人們

不得不利用化石能源產生的電力來照明、取暖，驅走黑夜和寒冷。從遠古時代開始，人們就幻想能夠追逐著太陽生活，不再有漫漫長夜和寒風冷雨，人們能一直生活在陽光明媚、鳥語花香的樂園中。

太陽內部透過連續不斷的核聚變產生能量，並且以光的形式傳播到地球，成為太陽能。按照地球軌道上的平均太陽輻射強度 1,367W／m² 估算，地球赤道周長為 40,000km，地球獲得的能量可達 173,000TW。正是如此大規模的能量輸入，形成地球上的風雲變幻，萬千氣象；支撐著地球上生物圈和生態系統生生不息的運動，構成人類賴以生存的能量基礎。一年內到達地球表面的太陽能總量折合標準煤 1.39×10^{16} 億 t，是目前已探明世界化石能源儲量的一萬倍。隨著科學技術的高速發展，利用陽光來照亮夜空，不再僅僅是神話故事和科學幻想，它正在變為現實。人類將逐漸擺脫產生大量汙染、行將枯竭的化石能源；利用太陽光、太陽熱發電，以及風力、海洋波浪發電，正在成為未來人類獲取電力能源的主要途徑。

然而，這些發電方式受到許多因素的影響，例如，黑夜與白晝的交替、風力大小的波動、雲起雲落的變幻，結果使得電力輸出很難穩定。只有克服這些強大障礙後，才能使可再生的清潔能源利用變成現實。

2.2
夜晚還能利用太陽照明嗎？ ·········

利用太陽能照亮夜空有多種方法，最直接的途徑是將太陽能儲存起來，就像人們準備夜間燃燒篝火的柴禾一樣，白天多存一些，夜晚需要時拿來用。如圖 2.1 所示是透過光電轉化裝置，將陽光中光子所攜帶的能量，

轉化為電能,繼而利用系統調控器對蓄電池充電,把電能轉化為化學能儲存在蓄電池中。夜間需要時,可以隨時使電池放電,點亮燈具照耀黑夜,相當於使用陽光來照亮夜空。當然,如果蓄電池存有多餘的電量,還可以透過直流／交流變換器和電網相連,把能量送到電網,惠及千家萬戶。

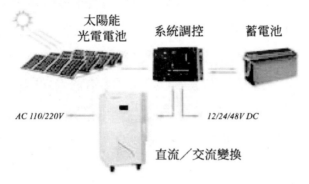

圖 2.1 太陽能發電、供電系統原理圖

儘管可以使用蓄電池把電能轉化為化學能儲存起來,但是,電化學能量儲存和轉化過程需要遵從以下基本科學規律。

熱力學第一定律 —— 能量守恆原理:在一個熱力學系統內,能量可轉換,即可從一種形式轉變成另一種形式,但不能憑空產生,也不能憑空消失。

熱力學第二定律 —— 熵增原理:不可能從單一熱源吸收熱量,使之完全變為有用功而不產生其他影響。

如圖 2.2 所示,如果使用 E_1 表示可再生能源發電裝置送來的能量,使用 E_2 表示從儲能裝置返回到電力系統的能量,那麼,從能量儲存到返回能量系統,會構成一個封閉的儲能循環。由於過程進行的非自發性,從儲能到能量釋放的循環過程本身需要消耗部分能量。這裡所說的非自發性是指儲能過程往往需要消耗外部的功,透過輸入能量方式推動儲能

循環過程進行。為了進行定量表示，人們把儲能裝置輸出的能量 E_2 和輸入能量 E_1 之比，定義為系統的能量效率。透過過程最佳化和材料科學技術進步，能夠增大輸出能量和輸入能量之比，最大限度提高儲能效率，但永遠不可能趕上和超過輸入能量。

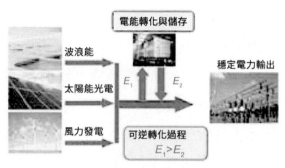

圖 2.2 儲能過程的能量轉換原理示意圖

2.3
把電儲存在哪裡？

　　半個多世紀以前，原子物理學家揭開了物質結構的奧祕，將存在於原子核內部的能量進行可控釋放，形成了今天規模龐大的原子能工業，核能開發與利用在國家能源結構中正在占據越來越重要的地位。在原子核間的強相互作用，以及分子間凡得瓦力所代表的弱相互作用以外，普遍存在於物質間，使離子相結合或原子相結合的化學鍵作用力，成為大規模儲能科學研究的聚焦點。該相互作用屬於分子層次或離子團範疇。例如，透過電解水產生氫氣和氧氣，將電能轉化為化學能儲存在載能物質 H_2 和 O_2 分子的共價鍵中，需要時透過燃料電池再將其變成電能，或者透過燃燒以熱能的形式釋放出來。

02 電力銀行
Electricity Bank

　　為了將太陽光能產生的電力能源有效儲存，人們寄希望於可逆化學反應。利用化學鍵的形成與斷裂，將電能轉化為化學能儲存在化學鍵中，需要的時候定量釋放出來，讓化學鍵成為能量的載體。然而，要實現這樣的過程，必須滿足以下幾方面條件：

▷ 化學反應的可逆性。

▷ 化學反應的可控性。

▷ 化學反應物質和產物（或者稱能源載體）安全、環保、價廉，易於
　大量獲取。

　　例如：可以將氧化還原反應中的氧化過程和還原過程分別在兩個不同的電極上進行，由此構成得失電子過程，再將其組合成電化學池（電池），完成電能與化學能的相互轉化與儲存。將這種科學原理進行工程化放大，形成一門嶄新的學科 —— 電化學儲能科學與工程。

　　一般來講，電化學儲能科學與工程可以認為是利用可逆的電化學反應原理，完成電能和化學能的相互轉化，進行能量高效管理和利用的學科。所涉及的主要科學領域包括：電化學、電池材料學、化學工程等科學與工程技術。為了大幅度提高電力能源的利用效率，大力發展可再生清潔能源發電技術，迫切需要發展大規模電能儲存與管理技術，在這樣的背景下，電化學儲能科學與工程應運而生，並且得到越來越多的科學家關注，世界主要先進國家紛紛制定國家策略發展計畫，投入鉅資進行科學研究開發。

2.4
儲能電池會替生活帶來哪些變化？ ....

　　電化學儲能科學與工程的發展，將會極大地改變現有的工業面貌和人們的生活方式，引起能源技術的革命性進步。眾所周知，汽車支撐了現代社會的交通，汽車製造業是國家經濟的支柱性產業。早在西元 1899年，大發明家湯瑪斯·愛迪生（Thomas Edison）就認為電力將驅動未來的汽車，並著手開發一款能持久放電、動力強大的電池用於商業汽車。雖然他的研究改善了鹼性電池效能，由於當時技術條件的種種限制，該計畫在持續十年後不得不忍痛放棄。

　　然而，人類追求電動汽車的夢想卻沒有止步，1975 年美國的第六大汽車製造商先鋒·賽百靈研發成功 CitiCar 電動汽車，並在華盛頓特區的電力機車研討會上亮相，其最高時速達到 40 英里（約 64km），續航里程30 英里（約 48km）。長期以來，由於儲能技術的限制，電動汽車的時速與續航里程遠低於汽油內燃機驅動的汽車。直到 2008 年，美國特斯拉汽車公司的 Model S 賽車在當年 11 月的舊金山國際車展亮相，隨後宣布量產上市，象徵人類逐漸進入電動汽車時代（圖 2.3）。

湯瑪斯·愛迪生發明的　　先鋒·賽百靈公司的 CitiCar　　美國特斯拉公司的 Model
電動汽車（西元 1899 年）　　電動汽車（1974 年）　　　　S 純電動跑車（2008 年）
圖 2.3 歷史上具有代表意義的電動汽車

　　實際上，電化學儲能科學與工程將在現代社會的各方面發揮作用，包括交通、通訊、可再生能源發電、智慧電網等，例：

▷ 可再生能源系統：風能發電、太陽能發電和蓄電儲能裝備共同組成微型電網系統，提高電網的穩定性，形成基於可再生能源的分散式能源供給系統。

▷ 交通運輸工業、汽車工業的變革：利用電池來代替現有內燃機為車輛提供動力的電動汽車工業，將會構成未來交通運輸的主要方式。

▷ 電力能源管理與排程：透過蓄電儲能技術實現電網「削峰填谷」，能夠緩和電力供需矛盾，進行高效排程，提高輸配電網的「彈性」。

▷ 火電廠節能減排：把夜間用電谷底的電儲存起來，白天再釋放出來，以此減少火電機組低負荷運行時間，提高發電裝置利用率，降低火力發電能耗。

▷ 用於重要軍事設施、政府國防部門的應急電源和動力電源。

▷ 現代通訊行業和大型用電企業的應急電源和動力電源。

　　電化學儲能科學與工程研究，將會幫助人們發展清潔高效電池技術，作為電動汽車的動力來源，代替現有的以內燃機為動力的汽車。使用可再生能源的電力為汽車充電，逐漸擺脫人類交通運輸活動對化石能源的依賴。由於沒有汽車尾氣排放，城市汙染的環境問題會迎刃而解，天空會變得更藍，環境會更美好。歐洲國家聯合制定規劃，計劃 2050 年使歐洲的電力 50％直接來源於太陽能發電，極大改變現存的能源結構。這種大規模的能源結構變化，客觀上催生了電化學儲能科學與工程技術的快速進步。在不久的將來，大規模蓄電儲能技術將會快速發展，成為下一代朝陽產業。

2.5
歷史悠久的鉛酸電池儲能技術 ················

　　電化學儲能的歷史，可以追溯到西元 1799 年，義大利物理學家伏特（A. Volta）將鋅片與銅片置於鹽水浸溼的紙片兩側組裝成原電池；西元 1836 年，丹尼爾（J. F. Daniell）利用該原理製成了第一個實用電池，這象徵著化學電池進入社會生活，但銅鋅體系的電池用完後不能進行充電再重複使用，阻礙了其更廣泛的應用。

　　西元 1801 年，戈特洛（N. Gautherot）在實驗中用伏特電池和兩根鉑絲電解鹽水產生氫氣和氧氣。當移去電源並將兩根鉑絲直接接觸時，出現了短時間的反向電流（當時也被稱為二次電流），但電流維持的時間太短，沒有實用價值。西元 1802 年里特（J. W. Ritter）將伏特電池的兩端分別和金屬銅片相連，並在銅片中間放置鹽水浸溼的紙片。在撤去電源後，發現金屬片之間存在 0.3V 的電壓。此後使用金屬鉛、錫替代銅片進行了實驗，均測到了不同的電壓值。遺憾的是，里特沒有採用硫酸作為電解液，否則或許鉛酸電池的發明將提前半個多世紀。當時已有其他科學家透過浸沒在硫酸中的鉛電極製得了 PbO_2，可以說離鉛酸電池的最終發明已經近在咫尺。西元 1854 年德國科學家辛斯特登（W. J. Sinsteden）在使用多種電池進行研究時，認識到浸沒在硫酸中的鉛電極具有一定的儲能容量，即對電極充電之後可以向負載供電，並報導了其能量密度，但當時，人們仍未意識到這一發現的重要價值。

　　直到西元 1859 年，普朗忕（Raymond-Louis Gaston Planté）獨立於辛斯特登發現並報導了從浸在硫酸溶液中並充電的一對鉛板（圖 2.4），在撤去充電電流並加上負載後可以得到有效的放電電流，這個體系的放電

電流在諸多電極－電解液體系中維持的時間最長，並且電壓也最高。根據這一原理普朗忒設計了具有實用價值的鉛酸蓄電池，並在西元 1860 年向法國科學院展示了這一可充電電池，該發明象徵著第一個可以重複使用的蓄電池問世，如圖 2.4 所示，當加上反向電流就可以對電池進行充電，充電之後電池就可以繼續使用。

鉛酸電池利用不同價態鉛的固相反應實現充電／放電過程，其原理如下：

負極反應：$Pb + HSO_4^- \underset{充電}{\overset{放電}{\rightleftharpoons}} PbSO_4 + H^+ + 2e^-$

正極反應：$PbO_2 + 4H^+ + SO_4^{2-} + 2e^- \underset{充電}{\overset{放電}{\rightleftharpoons}} PbSO_4 + 2H_2O$

電池總反應：$Pb + PbO_2 + 2H_2SO_4 \underset{充電}{\overset{放電}{\rightleftharpoons}} 2PbSO_4 + 2H_2O$ ⋯⋯⋯⋯⋯ $E^0 = 2.1V$

 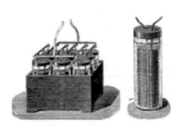

鉛酸電池發明人普朗忒　　　世界上第一個可充電鉛酸電池

圖 2.4 鉛酸電池的誕生（西元 1860 年）

在鉛酸電池發明之前的電池只能放電，也就是對用電器放電，被稱作原電池，隨著電化學反應，原電池隨活性物質消耗殆盡而不得不廢棄。而鉛酸電池可以進行反覆充電／放電過程，被稱作二次電池，成為真正的儲電裝置。由於後者使用起來更方便、價格更低廉，被人們更廣泛所接受，因而在人類利用電能歷史上具有重大意義。西元 1879 年愛迪生發明了白熾燈，讓電力走進千家萬戶，同時激發了使用者在輸電線架設不到的地方，或者在移動裝置上使用電池儲能，他所使用的正是鉛酸

電池。然而限於製造工藝，那時鉛酸電池還無法大規模生產，但越來越多研究者已開始參與鉛酸電池的研究。此後，市場需求對儲電裝置的持續擴大，人們對鉛酸電池進行不斷的研究和改進，使鉛酸電池技術得到極大發展。可以說鉛酸電池是迄今發展時間最長，技術最成熟的電池技術。與鉛酸電池相關的重要發現與進展如圖 2.5 所示。

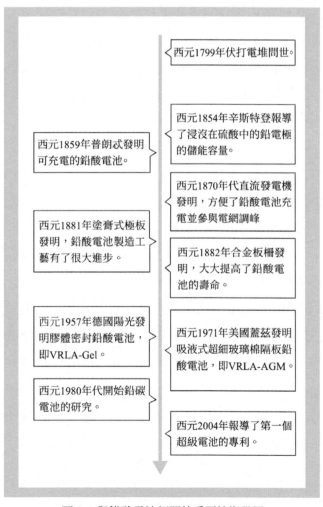

圖 2.5 與鉛酸電池相關的重要技術發展

西元 1881 年,富萊(C. A. Faure)和布魯希(C. F. Brush)二人製成塗膏式極板,即用鉛的氧化物和硫酸水溶液混合製成鉛膏塗在鉛板上,較好地防止了活性物質的脫落,使鉛酸電池的製造工藝有了很大進步。

西元 1882 年賽隆(J. S. Sellon)採用 Pb-Sb 合金製造板柵,減小充電/放電過程電化學活性物質體積變化,解決了板柵變形問題,顯著提高電池極板的強度,使鉛酸電池的壽命得到大幅度提高。

長期以來,鉛酸電池的極板須浸在可流動的硫酸中使用,在電池充電後期和過充電時,會發生電解水的副反應,氫氣和氧氣可能釋放出來,帶來電解液失水、電池須定期維護的問題。研究人員一直試圖研製「密封式」鉛酸電池,以此克服電池維護問題。1957 年德國陽光公司發明了 SiO_2 膠體密封鉛酸蓄電池,即閥控式密封鉛酸電池(Valve-Regulated Lead/Acid Batteries,VRLA)的膠體電池技術。1971 年美國蓋茲(Gates)公司發明了吸液式超細玻璃棉隔板(Absorbed Glass Mat)即閥控式密封鉛酸蓄電池的 AGM 技術,解決了電池內部氧氣的複合循環問題,使電池運行及安全效能大幅度提高。

從 1973 年開始,小型 VRLA 電池實現商業化生產,鉛酸電池在外形尺寸和循環壽命上均有了較大的進步,能夠適用於眾多領域,成為蓄電池產品中的重要組成部分。鉛酸電池由於原材料來源豐富,價格低廉,效能優良,是目前工業、通訊、交通、電力系統最為廣泛使用的二次電池。目前鉛酸電池的能量密度為 35 ～ 45W·h/kg,能量效率超過 80%,在 80% 的深度放電條件下,循環壽命 400 多次,價格為 0.6 ～ 0.8 元／(W·h)。

2.6
利用水溶液來儲電的全釩液流電池 ·····························

　　液流電池（redox flow battery）是一種利用流動的電解液儲存能量
的裝置，這種將電能轉化為化學能儲存在電解質溶液中的方法，適合在
大容量儲存電能場合使用。世界上最早的液流電池是由法國科學家雷納
（C. Renard）在西元 1884 年發明的，他使用鋅和氯作為液流電池的電化
學活性物質，重量達到 435kg。該液流電池產生的電能用於驅動軍用飛船
的螺旋槳，成功完成了 8km 飛行，用時 23min，最後降落回到起飛點，
使該飛船在空中完成一個往返行程。此後，雷納的發明被遺忘多年，直
到 1954 年德國專利文獻報導可採用氯化鈦和鹽酸水溶液儲存電能。

　　現代意義上的液流電池出現在 1973 年，美國太空總署的科學家塞勒
（L. H. Thaller）試圖尋找用於月球基地上儲存太陽能的方法，提出將鐵和鉻
作為液流電池的電化學活性物質，組成氧化還原液流電池。該電池將原先
儲存在固體電極上的活性物質溶解進入電解液中，透過電解液循環流動向
電池供給電化學反應所需的活性物質。因此，儲能容量不再受有限的電極
體積限制，而是可以根據實際需求獨立設計所需儲能活性物質的數量，特
別適合於大規模電能儲存場合使用。迄今為止，人們已經研究多種雙液流
電池體系，包括鐵鉻體系（Fe^{3+}/Fe^{2+} vs Cr^{3+}/Cr^{2+}，1.18V）、全釩體系
（V^{5+}/V^{4+} vs V^{3+}/V^{2+}，1.26V）、釩溴體系（V^{3+}/V^{2+} vs $Br^-/ClBr^{2-}$，
1.85V）、多硫化鈉溴（Br_2/Br^- vs S/S^{2-}，1.35V）等電化學體系。

　　在眾多的液流電池中，目前，只有全釩液流電池（Vanadium Flow
Battery，VFB）、鋅溴液流電池進入實用化示範運行階段。1986 年，澳
洲新南威爾斯大學的瑪利亞（S. K. Maria）等人提出全釩液流電池技術

原理，使用不同價態釩離子 V(II)／V(III) 和 V(IV)／V(V) 構成氧化還原電對；以石墨氈為電極，石墨－塑膠板柵為集流體；質子交換膜作為電池隔膜；正、負極電解液在充放電過程中流過電極表面發生電化學反應，可在 5 ～ 50℃ 溫度範圍運行。

全釩液流電池利用不同價態的釩離子相互轉化實現電能的儲存與釋放。由於使用同種元素組成電池系統，從原理上避免了正極半電池和負極半電池間不同種類活性物質相互滲透產生的交叉汙染，以及因此引起的電池效能劣化。

全釩液流電池的原理，分別以含有 VO^{2+}／VO^{2+} 和 V^{2+}／V^{3+} 混合價態釩離子的硫酸水溶液作為正極、負極電解液，充電／放電過程電解液在儲槽與電堆之間循環流動。電解液流動過程中，釩離子會不斷擴散並吸附到石墨氈電極的纖維表面，與它發生電子交換。反應後的釩離子經過脫附，離開原來的石墨氈電極纖維表面，再次回到流動的電解液中。透過以下電化學反應，實現電能和化學能相互轉化，完成儲能與能量釋放循環過程。

將一定數量單電池串聯成電池組，可以輸出額定功率的電流和電壓。當風力、太陽能發電裝置的功率超過額定輸出功率時，透過對全釩液流電池充電，將電能轉化為化學能儲存在不同價態的釩離子中；當發電裝置不能滿足額定輸出功率時，液流電池開始放電，把儲存的化學能轉化為電能，保證穩定電功率輸出。

正極反應：$VO^{2+} + H_2O - e^- \underset{\text{放電}}{\overset{\text{充電}}{\rightleftharpoons}} VO_2^+ + 2H^+$

負極反應：$V^{3+} + e^- \underset{\text{放電}}{\overset{\text{充電}}{\rightleftharpoons}} V^{2+}$

電池總反應：$VO^{2+} + V^{3+} + H_2O \underset{\text{放電}}{\overset{\text{充電}}{\rightleftharpoons}} VO_2^+ + V^{2+} + 2H^+$ ⋯⋯⋯⋯⋯ $E^0 = 1.26V$

在釩電池製造過程中，首先，將這些不同價態的釩離子，溶解在硫酸水溶液中製備出電解液；然後，用多孔的石墨氈作為電極，將含有＋4價、＋5價釩離子的溶液置於正極，含有＋2價、＋3價釩離子的溶液置於負極；最後，透過幫浦和通道，將電解液和電極進行連接。這樣，一個全釩液流電池系統便組建起來了。在電池充電或者放電過程中，電解液會流過石墨氈電極。在電解液流動過程中，釩離子會不斷擴散並吸附到石墨氈電極的纖維表面，與它發生電子交換。反應後的釩離子經過脫附，離開原來的石墨氈電極纖維表面，再次回到流動的電解液中。

由於全釩液流電池的正極、負極電解液中含有不同價態的釩離子，正極電解液中的＋4價、＋5價釩離子電對，和負極電解液中的＋2價、＋3價釩離子電對一旦混合，會使電池發生自放電現象，從而大大降低電池的效率。所以，人們利用質子傳導膜把流經電堆的正極、負極電解液隔開，避免電解液中不同價態釩離子直接接觸發生自氧化還原反應所導致的能量損耗。全釩液流電池所需的質子傳導膜應具有如下特點：

▷ 導電性：氫質子通過率高，膜電阻小，提高電壓效率。
▷ 阻釩性：釩離子通過率低，交叉汙染小，降低電池自放電，提高能量效率。
▷ 穩定性：具有所需的機械強度，耐化學腐蝕、耐電化學氧化，保證較長循環壽命。
▷ 限制水滲透性：電池充放電時水滲透量小，保持正極和負極電解液的水平衡。
▷ 合理的成本與價格。

全釩液流電池具有儲能容量和輸出功率相獨立的特點，可以對二者進行分別設計。一般來講，透過增加電解液的體積，可以增加儲電的容

量;透過增加單電池的數量,能夠增加電池的電壓;透過增大石墨氈電極的面積,可以增大電池的電流。圖 2.7 所示為全釩液流電池的工業裝置。

圖 2.7 全釩液流電池工業裝置

為了從根本上提升電池效能,人們努力尋找大比表面積的材料,比表面積是指材料的外表面積除以材料的體積,也就是說,希望在同樣的體積中希望獲取更大的電化學反應所需要的活性表面積。目前,除了這種石墨氈電極外,還有許多新型的電極材料正待開發使用,如碳氣凝膠、碳奈米管、石墨烯等材料。

和其他種類的化學電源相比,全釩液流電池具有規模大、壽命長、成本低、效率高、安全可靠等技術特徵,同時,可以超深度放電(100%)而不引起電池的不可逆損傷;系統選址自由,占地少,不受設定場地限制;電解液系統全封閉執行,沒有環境汙染和噪音。全釩液流電池正在成為可再生清潔能源發電過程的重要儲能方案。

2.7
能存更多電量的鋅溴液流電池 ....

　　儘管全釩液流電池有很多優點，但是，它所存的電量還不盡如人意。建成的儲能系統往往體積龐大，給實際應用帶來不少困難。那麼，能否找到一種存電量更多的水溶液呢？鋅溴液流電池剛好具備這種能力。因為水溶液中的鋅離子（或者溴）在一次充電過程，可以儲存 2 個電子，不像釩離子那樣每次只有 1 個電子轉移。這樣，同樣體積的水溶液，鋅溴液流電池就比全釩液流電池儲存的電量多 2 倍。可以用以下反應式描述鋅溴液流電池的電極反應過程：

$$負極反應：Zn^{2+}+2e^- \underset{放電}{\overset{充電}{\rightleftharpoons}} Zn$$

$$正極反應：2Br^- \underset{放電}{\overset{充電}{\rightleftharpoons}} Br_2+2e^-$$

$$電池總反應：ZnBr_2 \underset{放電}{\overset{充電}{\rightleftharpoons}} Zn+Br_2$$

　　鋅溴液流電池的正／負極電解液同為 ZnBr2 水溶液，電解液透過幫浦循環流過正／負電極表面。充電時鋅沉積在負極上，正極生成的單質溴很快被電解液中的溴絡合劑絡合，成為油狀絡合物，使水溶液中的溴濃度迅速降低；由於溴絡合物密度高於電解液密度，隨著電解液循環，逐漸沉積在儲罐底部，顯著降低電解液中溴單質的揮發性，提高了系統的安全性。在放電時，負極表面的鋅溶解，同時溴絡合物被重新泵入循環迴路分散，失去電子後成為溴離子，電解液變回溴化鋅狀態，也就是說，該反應完全可逆。

鋅溴液流電池主要包括三部分：電解液循環系統、電解液和電堆。電堆由若干單電池疊合組成，每個單電池透過雙極板連接成為串聯結構。電解液流過主管路後，平均分配到每個單電池中，在提高電堆功率的同時，並聯流動為單電池的一致性提供條件。電解液循環系統主要由儲罐、管件、普通閥門、單向閥及感測器構成。在電解液循環流動過程，感測器即時回饋電堆工況，例如：液位，溫度等。

鋅溴液流電池的電堆由以下幾部分構成：端板為電堆的緊固提供剛性支撐，透過兩端的電極與外部裝置相連，實現對電池的充放電。雙極板和隔膜與具有流道設計的邊框連接，在極板框和隔膜框中加入隔網，提供電池內部支撐，一組極板框和膜框構成鋅溴液流電池的單電池，多組單電池疊合在一起組成電堆。圖2.9和圖2.10是常見的鋅溴液流電池模組和產品。

圖2.9 鋅溴液流電池模組

圖2.10 小型鋅溴液流電池

目前，澳洲某電池製造商已開發出鋅溴液流電池的大型儲能系統，並完成工程驗證工作。它將48組電池分四組進行了充放電測試，接入電網中的14kW逆變器與直流母線相連，產生50～720V電壓。它的儲能系統在440～750V的標定電壓下，能夠儲存0.6MW·h電量。該儲能系統包含裝入20英尺貨櫃內的60塊電池。它所研製開發的3kW×8kW·h的鋅溴電池儲能模組適於多種固定型應用場合，並且每天可進行深度充放電。它能夠將可再生能源產生的間歇性電能儲存下來待用，調節電網峰谷負荷，以及在微電網中進行儲能供電，其應用市場相當可觀。

2.8
利用金屬鈉和硫磺做成的電池 ·····························

　　金屬鈉在海水中大量存在，地球上硫磺礦產資源豐富，利用這兩種物質可以製造一種高溫型電池 —— 鈉硫電池。這種電池由美國福特公司於 1967 年公布最早的發明，至今已有 40 多年的歷史。

　　不同於常規的二次電池，如鉛酸電池、鎘鎳電池等都是由固體電極與液體電解質構成，鈉硫電池與之相反，它是由熔融液態電極與固體電解質組成，其負極的活性物質是熔融金屬鈉，正極的活性物質是硫與多硫化鈉熔鹽，用能傳導鈉離子的 β-Al2O3 陶瓷材料作電解質兼隔膜，外殼則一般用不鏽鋼等金屬材料。在放電時鈉被電離，電子透過外電路流向正極，鈉離子透過電解質擴散到液態硫正極並與硫發生化學反應生成多硫化鈉。

　　鈉硫電池的操作溫度為 300℃，輸出電壓 2V 左右，具有較高的儲能效率，同時還具有輸出脈衝功率的能力。輸出的脈衝功率可在 30s 內達到連續額定功率值的 6 倍，這一特性使鈉硫電池可以同時用於電能質量調節和負荷的「削峰填谷」，從而提高整體裝置的經濟性。鈉硫電池的比能量是鉛酸蓄電池的 3 倍，電池系統體積小，開路電壓高，內阻小，能量效率高，循環壽命長（可完成 2,000 次以上的充放電循環）。但是鈉硫儲能電池不能過充與過放，需要嚴格控制電池的充放電狀態。

　　鈉硫電池中的陶瓷隔膜比較脆，在電池受外力衝擊或者機械應力時容易損壞，從而影響電池的壽命，容易發生安全事故。此外，高溫操作會帶來結構、材料、安全等方面諸多問題。日本某公司利用其在陶瓷

領域獨特的技術優勢，開發成功比能量密度高達 160kW·h/m3 的鈉硫電池。從 1992 年～ 2004 年期間，已經建成 100 多個工程例項，其中 500kW 以上的有 59 項。

2.9
會「呼吸」的鋅空氣電池 ....

鋅－空氣電池使用空氣中的氧氣作為正極電化學反應活性物質（如圖 2.12 所示），金屬鋅作為負極電化學反應活性物。由於使用鋅和空氣中的氧氣作為工作介質，成本遠低於現有鋰離子電池、全釩液流電池、燃料電池等化學電源，適合於幾十千瓦～數兆瓦規模的場合使用。在電池運行過程鋅電極發生溶解或沉積，放電產物 $Zn(OH)_2$ 溶解在鹼性電解液中；利用空氣中的氧氣在雙功能空氣電極（Bifunctional Air Electrode，BAE）上進行氧還原或氧析出電化學反應，完成電能與化學能相互轉化。單電池理論電壓 1.65V，多個單電池串聯後可提供所需的功率。圖 2.13 是測試中的鋅－空氣電池。

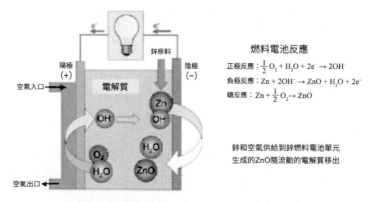

圖 2.12 利用空氣作為正極的鋅－空氣電池

　　和全釩液流電池相似，當風力、太陽能發電裝置的功率超過額定輸出功率時，透過對鋅－空氣液流電池充電，將電能轉換為化學能儲存在 Zn/ Zn^{2+} 電對中；當發電裝置不能滿足額定輸出功率時，電池開始放電，把儲存的化學能轉換為電能，保證穩定電功率輸出。鋅－空氣電池特點包括：

　　高安全性：在室溫附近以水溶液作為支持電解液進行工作，從原理上完全避免鋰電池中「熱失控」導致有機溶劑電解液燃燒的可能性。金屬鋅無毒無害，電池「生產－使用－廢棄」的全生命週期具有最低的環境負荷。

　　高比能量：由於該電池使用空氣中的氧氣作為活性物質，容量無限；電池比能量取決於負極容量。通常的鋅－空氣一次電池理論比能量達到 1,085W·h/kg，遠高於現有的鋰離子電池和鉛酸電池。不僅可用於新能源發電過程儲能，還有望用於純電動汽車等移動交通工具。

　　低成本：電池成本主要由鋅電極、雙功能空氣電極、離子傳導膜等電池關鍵材料決定，尤其是避免使用貴金屬催化劑製備空氣電極，有望透過國產化，實現大規模、低成本生產。

　　大容量：鋅－空氣液流電池的儲能容量僅僅和鋅電極有關，透過改變儲槽中電解液即 Zn + Zn(OH)$_2$ 混合物的數量，能夠滿足大規模蓄電儲能需求；透過調整電堆中單電池的串聯數量和電極面積，能夠滿足額定放電功率要求。

圖 2.13
測試中的鋅－空氣電池

　　鋅－空氣液流電池蓄電系統 CP 值高，對於大規模蓄電和純電動汽車儲能場合，在成本和安全性方面具有突出優勢，已經成為國際上電能高效轉換與大規模儲存的重點發展技術。

2.10
面向未來的儲能科學與工程 ·····································

　　儘管太陽輻射到地球大氣層的能量僅為其總輻射能量的二十二億分之一，但已高達 173,000TW，也就是說太陽每秒鐘照射到地球上的能量就相當於 500×10^5t 煤。地球上的風力、水力、海洋溫差能、波浪能和生物質能以及部分潮汐能都是來源於太陽。

　　太陽能既是一次能源，又是可再生能源。它資源豐富，既可免費使用，又無須運輸，對環境無任何汙染。為人類創造了一種新的生活形態，使社會及人類進入一個節約能源減少汙染的時代。

　　海洋可再生能源（簡稱海洋能）主要包括潮汐能、潮流能、波浪能、溫差能、鹽差能等，由於海水潮汐、海流和波浪等運動周而復始，永不休止。全球可供利用的海洋能量約為 70×10^8kW，是目前全世界發電能力的十幾倍。然而，海洋能具有能量密度波動大、不穩定性強，在時間與空間上比較分散，能流密度低，難以經濟、高效利用。而潮流能、潮汐能、波浪能發電，無論是海島型獨立的微網系統，還是併網系統，都需要對電力質量調控後才能使用。特別是大規模潮流能發電併網時，當海洋能所占比例超過 10% 以後，對局部電網產生明顯衝擊，嚴重時會引發大規模惡性事故。因此，發展電化學儲能科學與工程，研發高效蓄電儲能裝置和配套技術裝置，同樣成為海洋可再生能源策略的關鍵，蓄電儲能產業發展成為國家未來能源策略的重要組成部分。

　　總之，自然界為我們提供了取之不盡的能源，電化學儲能有著光明的前景。

2.11
結束語 ●●●

　　隨著人類社會的高速發展，人們渴望幸福美好生活願望不斷高漲，對能源的需求持續增加，解決未來人類活動所需能源問題成為社會可持續發展的關鍵。自然界存在的可再生清潔能源密度低，具有隨機性、不連續的特點，透過發展大規模蓄電儲能技術，對清潔能源電力的可調節和控制，建構安全、高效、綠色的能源網絡，正在變得越來越重要。正是來自社會發展的客觀需要，催生了以化學、化學工程科學為基礎的電化學儲能科學與工程。大力發展太陽能及其相關產業，成為世界經濟的新成長點。為人類送來光明和溫暖的陽光，不僅僅照亮白晝，也必將照亮夜空，為人們驅趕寒冷和漫漫長夜，成為人類社會發展的「永動機」。

　　過去幾年，我向全世界的讀者提出，人類歷史上最大的財富機會可能存在於替代能源和可再生能源，這個領域創造的財富可能比到目前為止電腦行業創造的總財富還要多。

摘自《大轉折時代》（ Entering the Shift Age ），
大衛‧霍爾（David Houle）

03

智慧釋藥
Smart Drug Delivery

人體是最精密的設計，人體有最複雜的構造，對科學家來說，維修人體這臺儀器是最艱鉅的任務。經過科學家的不懈努力，不斷改進，終於可以用相對精準的方法，對特定故障環節和要害部位進行維修管理，避免造成對其他部位的傷害。

讓藥物的使用更加精確、安全和方便
Towards High Accuracy, Safety and Convenience

化學與化學工程正在為人類的健康創造新的奇蹟。透過和醫藥、生物、材料相結合，化學和化學工程幫助科學家們開發智慧藥物輸送系統，使藥物治療的過程更加精確、高效、安全和方便。藥物如何進入人體內，又在人體內經歷了哪些過程而最終發生作用？除了藥物本身的作用機制外，又有哪些因素影響著藥物的效果，科學家們如何透過控制這些因素而提升藥物的效果？這一切都和藥物輸送系統相關。本文將從 5 個方面介紹化學與化學工程在智慧藥物輸送的應用：什麼是藥物輸送系統，為什麼要採用智慧的藥物輸送系統；從化學工程角度理解藥物的輸送；化學與化學工程提高藥物的吸收；化學與化學工程幫助藥物靶向輸送；化學與化學工程實現藥物的控制釋放。

3.1
引言

當我們生病的時候，使用藥品是最常見的治療方式。藥品有各種不同的形式和使用方法 —— 口服、注射、外用等等；有時還會接觸到一些更加特殊的使用方式。而且，即使是同一種藥物，往往也有不同的形式和使用方式。這是為什麼？回答這個問題，我們就必須探討藥物如何在我們身體內發揮治療作用。

在探討這個問題之前，我們需要對藥品有個初步的認識。臨床使用的藥品，都是以藥物製劑的形式出現的。所謂藥物製劑，通俗地講，就是藥物存在並應用於患者的具體形式。例如，我們常見的藥片（稱為片

劑）、注射液（稱為注射劑）、糖漿（稱為口服液體製劑）等等，都是
藥物存在並用於患者的具體形式。在一個藥物製劑中，包含有發揮治療
作用的化學、生物或天然組分，稱為生物活性成分，也就是通常說的藥
物，還有一些（甚至是大部分）不直接發揮治療作用，但對藥物發揮治
療作用有十分重要的意義的組分，統稱為輔料。

　　科學研究告訴我們，藥物以其化學結構為基礎，透過和身體內特定
的作用對象發生相互作用，而產生治療效果。我們可以通俗地理解為，
藥物分子和身體內某些特殊物質發生化學、生物的反應而發揮療效。一
種藥物的作用對象（稱為受體）並不是均勻存在於人體的所有部位，而
是存在於人體的某類組織、某個器官或某類細胞中，我們稱之為藥物作
用的靶點。治病就像射擊一樣，藥物要擊中靶點。科學家們設計、尋找
並製造出對於治療具有最佳結構和理化性質的藥物分子，它們只要和受
體作用，就能產生期望的療效。然而，這些藥物分子要和受體發生作
用，就必須先到達靶點。事實上，當藥物以某種製劑進入人體後，未必
都能到達靶點；大多數情況下只有少數藥物能到達靶點，而大部分則到
達或停留在非靶點部位並被最終代謝，這些藥物不但不能發生治療作
用，還可能產生毒副作用。

　　為了使藥物更好地發揮治療作用，同時最大限度地減小藥物產生的
毒副反應，就必須使藥物更多地到達靶點，同時使其濃度保持在最佳的
範圍內。實現這一切，依靠的就是藥物傳輸技術。各種藥物製劑的形
式，使用的方式，甚至更複雜的藥物傳輸系統，都是為實現特定的藥物
體內特徵而特別選擇、制定和實施的。在本章，我們將為大家介紹智慧
藥物傳輸系統，化學工程和藥物傳輸的關係，並透過具體的例項來展示
化學工程如何在智慧藥物傳輸過程中發揮重要作用。

3.2
什麼是藥物傳輸系統，為什麼要發展智慧釋藥系統？

大部分藥物進入人體後，都是透過人體的血液循環系統而被運送到不同部位的。圖 3.1 描述這種模式下，藥物從製劑到人體內，並最終達到靶點的過程。

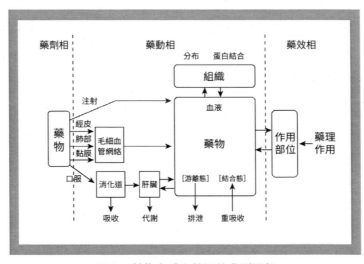

圖 3.1 藥物在體內轉運的典型過程

從製劑中釋放出來的藥物，透過吸收環節進入循環系統，並透過循環系統達到作用部位，代謝作用伴隨整個轉運過程。

藥物從製劑進入血液循環系統的過程稱為吸收。以不同的給藥方式用藥時，就對應了不同的吸收方式和途徑。例如，採用靜脈注射（比如常說的點滴），存在於注射液中的藥物透過針筒，幾乎 100% 的直接進入了血液循環系統。這種方式的吸收程度是最高的。而更常見的口服吸收過程則要複雜得多 —— 和所有食物的吸收一樣，藥物在消化道（胃腸）

中從製劑中釋放出來，被胃腸道吸收並進入肝臟，並最終透過肝門靜脈進入血液循環系統（圖 3.2）。實際上，口服的藥物中只有部分能透過上面這個複雜的過程進入血液循環系統。首先，只有一部分藥物能被胃腸吸收，而這些被胃腸吸收的藥物還有大部分可能在肝臟被代謝，或直接被一些特殊細胞所清除，剩下少量藥物可進入血液循環系統。所謂代謝是指藥物分子被分解或與其他物質結合等，從而被破壞而失去治療作用。所以口服的吸收程度一般遠遠小於注射。肝臟的這種代謝作用，稱為肝臟的首過效應，更科學的叫法是「循環前清除」，意思就是在還沒有到達循環系統，第一次經過肝臟的時候就被清除掉了。這種作用致使大量藥物被浪費而不會發生療效。

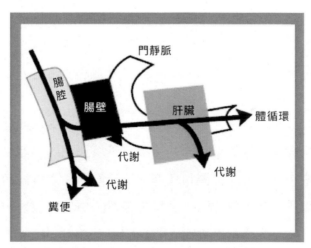

圖 3.2 藥物在消化道被吸收的過程

　　從製劑中釋放出來的藥物，被胃腸道吸收並進入肝臟，最終透過肝門靜脈進入血液循環系統。

　　進入血液中的藥物，一部分會和血液中的細胞結合，剩下的藥物在血液運送下，向身體的各個組織和部位輸送，這個過程稱為分布。其中

03 智慧釋藥
Smart Drug Delivery

一部分藥物在當血液流經腎和膽時被代謝清除，最終只有一少部分藥物分布到靶點並和受體作用而發揮治療作用。治療效果是由最終達到靶點的藥物的量和速度決定的。因此，我們把藥物在靶點被利用的程度和速度，稱作生物利用度。一個藥物即使有明確和良好的藥理作用，若不能在體內獲得較高的生物利用度，就不能發揮其治療作用。而藥物的吸收、分布和代謝最終決定了藥物的生物利用度。

實際上，長期以來人們認為只有藥物的化學結構決定藥物的效果，直到 1960 年代，人們才開始了解到藥物的吸收和體內傳輸過程對藥效的影響。而隨著藥學研究的快速進展，藥物的吸收和體內傳輸過程越來越引起人們的重視。藥物輸送系統（Drug Delivery System，DDS）的概念開始出現，並逐漸的替代傳統藥物製劑的概念，其核心任務就是：尋找、設計和開發藥物輸送的途徑、方法和相應的製劑（或給藥器），幫助藥物吸收，將藥物傳輸到靶點，而滿足治療的需求，提高藥物的治療效果，減小毒副作用。

上面的討論告訴我們，必須藉助其他的方式，來幫助藥物吸收、傳輸到靶點，並獲得合理的量和傳輸速率。科學家們透過設計和開發各種藥物輸送系統來實現上述目標和任務。智慧藥物輸送技術可以將藥物最大限度的傳輸到靶點，並透過控制藥物在製劑中的釋放速率來調整藥物在血液中的濃度，最終調整藥物在靶點的濃度和輸送速率。舉個例子，就像消滅敵人一樣，只有砲彈是不夠的，還要知道敵人的陣地，並能把砲彈準確地投擲到敵人的陣地，就像使用精確的飛彈一樣。藥物就像是砲彈，而智慧藥物輸送系統就是準確運送藥物的飛彈。

具體地講，智慧藥物輸送技術將解決很多藥物的吸收問題，特別是口服吸收的問題，使藥物的吸收利用程度提高；可以改變藥物的體內分

布，使血液中藥物更多的集中到靶點；可以幫助藥物突破一些生理屏障，被輸送到一些常規方法不能到達的治療部位，發揮治療效果；可將藥物濃度控制在合理範圍內，進一步使藥物動力學特徵符合治療需求；可以透過建立新的給藥途徑，或者改善用藥方式，使得用藥過程更加安全和方便。所有這些作用，我們將在下面具體介紹。

3.3
從化學工程的角度理解藥物在體內的輸送 ⋯⋯⋯⋯⋯⋯

　　講到這裡，我們不禁要問，化學工程和智慧藥物輸送技術有什麼關係？為什麼智慧藥物輸送技術成為化學工程的一個前沿研究方向？

　　智慧藥物輸送技術是一個多學科交叉的研究領域，涉及藥劑學、生物學、材料學、化學工程等多個學科。一項智慧藥物輸送技術的開發，或者智慧藥物輸送系統的研發製造，需要不同學科背景的科學家和工程師的共同努力。化學工程領域的研究者關注藥物輸送過程中的什麼問題呢？化學工程如何和其他學科結合，解決藥物輸送過程中的哪些問題呢？

　　回答這個問題前，我們不妨先從化學工程的角度重新認識一下藥物的輸送過程。什麼是化學工程的角度？這個概念對於高中生來說有些難以理解，不妨從大家比較容易認識的化工廠說起。一個典型的化工廠中普遍都有物質輸送與交換系統、反應系統和熱量交換與傳遞系統。人體像一個化工廠，也存在這些系統，不過它比任何化工廠更精密和複雜。

　　人體中存在著複雜的物質交換系統，它維繫著人生存和產生各項機能的物質基礎，其中最重要的就是呼吸系統、消化系統、排泄系統和表皮。肺實現人體內氣體和外界氣體的交換，它吸收空氣中的氧氣，排出人體內的

CO_2；消化系統和排泄系統共同完成人體內液體和固體營養物質與外界的交換，消化系統吸收來自食物中的營養物質，將其轉化為人體可以運輸的形態，送入人體的循環系統；排泄系統將人體的代謝產物和一些不能被吸收利用的物質重新排到體外。人體的皮膚也參與物質交換，一些小分子的物質可能透過皮膚進入人體，而一些代謝產物也可以透過汗從表皮排出。

藥物透過生物膜／細胞膜的吸收是藥物在人體內最常見和最重要的吸收轉運方式，藥物在腸道中的吸收就是典型膜吸收過程。藥物可透過細胞通道、細胞間隙通道、入胞作用，基於被動擴散、主動轉運和膜動作用通過膜而被吸收。

藥物要進入人體，除了注射外，都必須透過這些人體的物質交換系統。人體的物質交換系統進行物質交換的原理和方式，在相當程度可以用化學與化學工程的知識來了解並實現。例如，外界物質透過人體的物質交換系統進入人體一般都會經歷一個膜吸收的過程。在肺部，這個膜在肺泡（圖 3.3）；在腸道，這個膜就是腸膜，在皮膚，這個膜就是皮膚的表皮。物質被吸收的一個重要機理是由於濃度差，分子從濃度高的一側，向濃度低的一側傳輸，這叫做濃差推動的擴散，這些過程在化工廠很普遍，在我們人體內也很普遍。因此，化學工程師們解決工廠中物料交換與傳輸的一些原理和方法，同樣可用來解決人體中物質的交換。

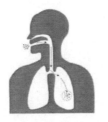

圖 3.3 藥物透過肺泡被吸收

載有藥物的顆粒吸入肺中，停留在肺泡的表面，釋放物並透過肺部豐富的微血管吸收。

藥物在人體各個組織的分布大部分是透過循環系統完成的。循環系統就像是化工廠裡無數的管道一樣。但是，和化工廠裡大部分物料都是分不同的管道輸送的方式不同，人體內大部分營養物質都是混在一起，由血液循環系統進行輸送的，那麼不同物質怎樣能夠輸送到不同的組織或部位呢？實際上，化工廠裡也有類似的情況，比如在某個生產單元得到的物料並不是純淨的，而是幾種混在一起的，而下一個生產單元所需要的物料可能只是混合物料中的某個組分，這時同樣存在著把混合物料中的不同組分輸送到不同地方的需求。在化工廠，工程師們建立了分離的裝置來完成這些操作，這些分離的裝置可能占據整個工廠的絕大分布面積。透過這些裝置，混合的物料被分成不同的組分，然後根據需求再輸送到不同的單元去。

人體內物質從循環系統分布到各個組織和部位的過程，也要經歷這樣一個分離和選擇的過程。只不過這個過程是由細胞、一些特殊的器官或組織完成的，這些細胞、器官或組織從血液中選擇性地將一些物質分離出來，供自己使用或者輸送給其他細胞、器官或組織。藥物在體內的分布過程實際上和營養物質的傳輸過程類似。因此，本質上，我們也可以將藥物在體內的分布過程看作是循環系統中藥物以不同方式被分離的過程。

不同的物質能被分離的基礎是它們的物理、化學、機械等性質的差異。藥物在不同組織和部位分布的量和速率不同，也是基於藥物物理、化學、機械等性質的差異。例如，有些物質能溶解在水中，有些物質則能溶解在某種有機溶劑中，那麼透過不同的溶劑溶解，就能將兩種物質

分離。相似相溶原理告訴我們，極性物質在極性溶劑（例如水）中溶解度高，而非極性的物質在非極性溶劑（例如大部分的有機溶劑）中溶解度高。物質的這種性質差異實際上就是構成藥物分布差異的原因之一。

人體內各部位的極性存在一些差異，這些差異就可能導致藥物的分布不同。根據物質粒子的大小不同，也可將物質分離，例如過濾，體積小的粒子（或分子）通過了濾紙，而體積大的被截留在了濾紙的另一側。人體內藥物的分布也存在類似的機制，後文將要提到的 ERP 效應就是一個典型的例子。人體對固體粒子的截留作用是另外一個經典的例子：由於肺部毛細管狹窄，直徑大於 7μm 的固體顆粒將在經過這些微血管時被截留，如果我們將藥物結合在這些固體顆粒上，就可以使藥物更多地分布到滯留部位。透過這些實際例子，我們看到，藥物的分布過程和物質分離過程，在原理和做法上都有很多相似之處，而分離過程是化學工程的重要研究領域之一，化學工程在這方面的進展會幫助我們了解藥物的分布過程，並幫助我們尋找改變藥物分布、使藥物更多分布在靶點的方法和途徑。

在化工廠裡，物質透過物料交換系統進入物料輸送系統，並藉助特定的分離裝置，將不同物質送到不同的反應器，在反應器中物質發生預期的相互作用，得到我們需要得到的物質。物料進入反應器的量、濃度以及速率都會影響化學反應的程度，從而影響產品的產量和品質；同樣，藥物到達靶點的量、濃度以及速率也同樣影響藥理作用。

儘管藥物輸送過程涉及大量的生理問題，從而更加複雜，但是研究和開發智慧藥物輸送系統的科學家們，使更多的藥物（物料）透過物質交換系統被吸收並進入循環系統（輸送系統），然後藉助於對藥物或者藥物傳輸載體的物理、化學、機械等性質的改造，使更多藥物以最合理的

速率達到靶點，發生藥理反應，以最有效和最精準的方式完成對疾病的
治療。

- 質量傳遞（mass transfer）：混合物中，某一組分由於物質濃
度不均勻等原因而發生的質量淨轉移過程稱為質量傳遞。這種質量轉
移過程可以發生在一種流體內部，也可以發生在兩種或多種流體之
間，或者一種流體和固體之間。
- 分子擴散（molicule diffusion）：簡稱擴散，由於分子、原子
等的熱運動所引起的物質在空間的遷移現象，是質量傳遞的一種基本
方式。以濃度差為推動力的擴散，即物質組分從高濃度區向低濃度區
的遷移，是自然界和工程上最普遍的擴散現象。

3.4
化學與化學工程促進藥物的吸收 ·····················

　　下面我們將介紹一些智慧藥物輸送技術，了解它們如何提高用藥的
精確程度和安全性，認識化學工程如何在其中發揮作用。智慧藥物輸送
技術使一些原本不能被有效吸收利用的藥物，能夠被有效吸收，從而生
物利用度得到提高。

　　我們已經知道吸收是藥物發揮作用的第一步，而除了靜脈注射外，
其他很多的給藥方式都存在吸收的問題。口服是臨床上最常用的給藥方
式，但是口服的吸收遠不如注射，很多藥物的口服吸收利用程度小於
50%，有些藥物甚至不足 10%。如果沒有智慧藥物輸送技術，這些藥物
將很難應用於臨床。口服吸收的第一步是藥物透過胃腸道的膜組織被吸

收，這和藥物的很多理化性質相關，其中最常見的是水溶解性和透過胃腸膜的能力（膜通透性）。根據這些性質，藥物可劃分成四類，叫做生物藥劑學分類（Biopharmaceutics Classification System，BSC），如圖 3.4 所示。

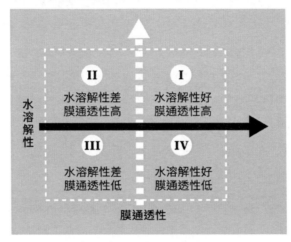

圖 3.4 藥物的生物藥劑學分類

水溶解性和對消化道膜的通過性，是影響藥物吸收利用的重要因素，FDA（美國食品和藥品管理局）根據藥物這兩個性質的差異，將藥物分成四類。

在座標系中處於第 I 象限的藥物水溶解性好、膜通透性高，一般吸收特性很好；處於第 II 象限的藥物水溶解性較差，但膜通透性高，一般可被吸收，但吸收速率會受溶解性差的影響而變得緩慢；處於第 IV 象限的藥物水溶解性好，但膜通透性較差，一般不易被吸收，且個體差異很大；處於第 III 象限的藥物水溶解性和膜通透性都較差，這些藥物一般無法被吸收。智慧藥物輸送技術可改變藥物的水溶解性和膜通透性，從而使處於第 IV、甚至第 III 象限中的藥物有效地被胃腸吸收。下面就為大

家介紹兩種可以提高藥物的水溶解性和膜通透性，幫助藥物吸收的輸送技術：環糊精包合技術和生物黏附技術。

環糊精包合技術

　　環糊精包合技術可改變藥物的溶解性從而促進藥物的吸收。環糊精是一類具有環狀分子結構的化合物，其分子結構簡式如圖 3.5 所示，β-環糊精是由 7 個葡萄糖單位連接成的環狀結構，其分子中心形成一個空穴，空穴內因為有糖苷的氧原子，呈現親脂性；而空穴的兩端開口和外表面含有大量羥基，呈現親水性。水難溶藥物分子可結合在空穴內部，就像穿了一件親水外衣，溶解性大大提高。一些藥物經過環糊精包合後，溶解度增加非常明顯，而這種增溶作用最終使藥物的口服生物利用度得到提高。除增溶外，環糊精包合還具有提高藥物的穩定性等作用。

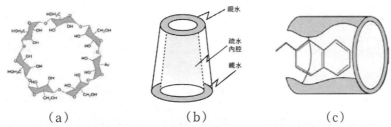

（a）　　　　　　　（b）　　　　　　　（c）

（a）為環形結構式的環糊精分子，（b）是內腔疏水，外表面親水，（c）是水難溶藥物分子可結合在空穴內部，形成獨特的「超微囊」結構。

圖 3.5 β- 環糊精的結構及其和藥物分子的結合示意圖

生物黏附技術

　　另一種提高藥物吸收程度的技術是生物黏附技術。前文講到，藥物透過胃腸吸收的過程，可看作分子從膜一側傳遞到另一側的過程，而實現這個過程的方式和機理非常複雜，包括濃差推動的擴散和一些主動運輸的方式，但是大量的實驗告訴我們，轉運的量和膜兩側的濃度差、膜

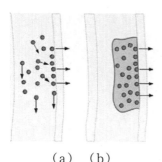

（a）　（b）
圖 3.6 生物黏附示意圖

製劑吸水膨脹後，會黏附在胃腸表面，延長在膜表面的停留時間，同時提高膜表面藥物的濃度，從而提高藥物的吸收利用程度。

的表面積以及過程持續的時間相關。當藥物製劑進入腸道中，藥物分子從製劑中釋放出來，和腸道內的其他物質混合，然後移動到腸道表面，通過腸道表面的膜被吸收，同時隨著腸道的蠕動，這些藥物和腸道內的其他物質一樣，會逐漸地被排出。有幾種情況會影響藥物的吸收〔如圖 3.6（a）〕，第一種情況是一些藥物還沒有移動到腸道表面就被排出了；第二種情況是那些已經移動到腸道表面的藥物還沒有完全被吸收（吸收是一個十分緩慢的過程），就隨著腸道的蠕動被排出了；第三種情況是由於藥物分子和腸膜沒有很好的吸附作用，例如藥物分子是親水性很強的分子，很難在脂性的腸膜表面被吸附，這就像水很難黏在塑膠表面（通常是脂性的），而油則很容易黏在塑膠表面一樣，這時膜表面藥物分子的濃度可能是很低的。

前兩種情況實際就是減少了轉運過程進行的時間（即吸收的時間），後者減小了膜兩側的濃度差，這將使吸收的藥物量減少。生物黏附技術可解決這三個問題。將藥物分散在生物黏附性的材料（一種能在胃腸表面黏附的材料，如殼聚糖）中，製成口服的片劑或者其他劑型，這種製劑在胃腸道中吸水膨脹後，會黏附在胃腸表面，延長在膜表面的停留時間，同時提高膜表面藥物的濃度，從而提高藥物的吸收利用程度（圖 3.6）。

當然，智慧藥物輸送技術對口服吸收利用的作用，絕不僅表現在對溶解度和膜通透性的改善上，它還可以減小肝臟的首過效應，抑制藥物

分子和血液中蛋白的結合，增加藥物與靶點的親和性，從而使藥物的生物利用度得到最大限度的提高。

3.5
化學與化學工程幫助藥物靶向輸送 ·····························

　　如何讓血液中的藥物更多地分布到靶點呢？前面的分析指出，藥物分布到靶點的過程可以藉助化學工程中的分離理論進行改進。分離的基礎是物質間物理、化學、機械等性質的差異，在藥物輸送中還要考慮生理作用的差異。人體不同部位的生理性質和化學環境不同，對不同物質的選擇性就不同，將藥物集中到靶點，就是基於這些選擇性。根據選擇性產生的原因，形成了不同的靶向機制 —— 基於物理選擇性的靶向、基於物理化學選擇性的靶向和基於生物化學選擇性的靶向。

　　下面從癌細胞的靶向給藥出發，透過具體的例子介紹這三種方式是如何實現靶向的。癌細胞在體內分布的特異性是藥物抗癌必須要考慮的因素。由於大部分抗癌藥物不僅能殺死癌細胞，對正常的生理細胞也會有傷害，如果這些藥物不高度集中於癌細胞，不僅抗癌效果會降低，同時還會導致強大的毒副作用。智慧藥物輸送技術能幫助藥物更精準地擊敗癌細胞。

基於物理選擇性 —— EPR 效應

　　物理選擇性來自分子或者粒子大小差異、受力差異等。一種非常重要的靶向方式是基於 EPR 效應（enhanced permeability and retention effects），這是一種基於粒子大小不同而引起的通過性差異。如圖 3.7 所

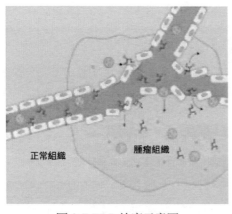

正常組織　　　　腫瘤組織

圖 3.7 ERP 效應示意圖

> 腫瘤組織中血管病變而滲透性增強，一些大分子或者奈米顆粒可以進出。

示，EPR 效應是癌組織中血管病變而滲透性增強的現象：正常的血管壁一般只能允許小分子化合物或離子通過，而癌變組織中血管壁結構鬆散，可允許一些大分子或者奈米級的顆粒進出。科學家們把藥物分子結合在一些大分子（如聚合物或蛋白質）上，或包埋在一些奈米顆粒中，注射進血管，使這些藥物僅在癌變組織的變異血管中釋放出來，從而將這些藥物集中到癌變部位。

基於物理化學選擇性 —— 透過 pH 靶向

基於物理化學選擇性的靶向，產生於藥物分子或者輔料的物理化學性質的差異。這些性質包括物質的相態、溶解度、化學親和性（比如親水性和親脂性）、吸附特性等。物質的溶解度與環境的 pH、溫度等性質有關。利用靶點和其他部位 pH、溫度等性質的差異，或者人為改變靶點的這些特徵，就可能實現藥物的靶向輸送。人體環境整體上是一個中性的環境（pH = 7.3），但在一些病變的部位，pH 就可能發生變化。臨床研究告訴我們，在腫瘤組織的微環境中，pH 往往呈現酸性（通常在 5.5 ～ 6.7）。一些藥用輔料的溶解度會隨著溶劑的 pH 而顯著變化，透過開發在中性條件下不溶解，在微酸性條件中快速溶解的材料，以這種材料為骨架或者囊材，將藥物分散或包覆其中。在正常組織中，由於骨架或囊材不溶解，藥物很難釋放出來，只有到了腫瘤部位，骨架或囊材大量溶解，藥物才釋放出來（圖 3.8）。

圖 3.8 pH 激發的腫瘤靶向給藥奈米粒

在正常組織的 pH 下，奈米粒不溶解釋放藥物，在腫瘤組織微酸性的環境中，奈米粒溶解並將藥物釋放出來。

基於生物化學選擇性－利用配體－受體作用靶向

　　基於生物化學選擇性的靶向產生於藥物分子（或輔料）的生物化學性質差異，及其引起的生理反應的差異，也稱作基於生物親和性差異產生的選擇性。由於生物化學性質的差異往往可以產生很高的選擇性，因此這種靶向方式的精確度非常高，不僅可以將藥物集中到靶點附近，如果藥物是作用於某種細胞的（如抗癌就是作用於癌細胞），還可直接將藥物靶向輸送到這些細胞中。

　　●靶向給藥系統（targeted drug system）：指藉助載體、配體或抗體將藥物透過局部給藥、胃腸道或全身血液循環而選擇性的濃集定位於靶組織、靶器官、靶細胞或細胞內的給藥系統。靶向給藥有助於維持藥物在體內的水平，避免任何藥物對健康組織的損傷。這種藥物輸送系統是高度整合的，需要各個學科，如化學家、生物學家和工程師共同加入這一系統的研究開發中。

03 智慧釋藥
Smart Drug Delivery

環境響應高分子材料（environmental sensitive polymer）：又稱智慧聚合物（smart polymer），指分子結構和理化性質隨所處環境而發生變化的高分子。常見的如溫度敏感高分子、pH 敏感高分子、光敏感高分子等。水凝膠是在藥物傳輸系統中最重要和應用最廣泛的一類環境響應高分子。體內存在的溫度、離子強度、pH 等不同的環境，利用環境響應材料在不同環境中的結構或性質的變化，是實現藥物靶向輸送和控制釋放的重要方法。

理解生物化學靶向性需要較深入的生物和生物化學的知識，所以這裡只能做個簡單的說明。利用生物化學選擇性的一個重要的途徑就是利用人體對營養物質的選擇性吸收和傳輸。人體需要大量的營養物質，這些營養物質大多透過食物吸收分解得到，並透過血液運送到不同組織。很多營養物質在人體內不同部位或細胞有不同的分布，那麼這些物質是怎麼被選擇性的運輸到不同部位的呢？是靠主動傳輸。前面我們講到的濃度差推動的傳輸方式稱之為被動傳輸。主動傳輸是不依靠或者說不單獨依靠濃度差實現傳輸的方式。打個比方，水從高處流到低處，是不需要任何幫助就可進行的，物質的被動傳輸就像河水的流動，只要有濃度差就會發生。但要把水從低處運到高處，就要用幫浦輸送，或者裝在容器中用力提升，只有我們主動去這樣做，水才可能從低處到高處，這就是主動運輸，也叫主動搬運。

人體內主動運輸的作用很多，這裡我們介紹兩種在藥物輸送中最常利用的。一種是在一些特殊的蛋白協助下實現的傳輸，這些蛋白稱為載體蛋白或者轉運蛋白，它們就像是交通工具一樣，有選擇的搭載（吸附或結合）一些物質，並把它們（透過一系列複雜的過程）轉運到靶點，

這種轉運可以是從高濃度到低濃度的，也可以是從低濃度到高濃度的。人體內的鐵離子就是這樣運輸的。人體內轉鐵蛋白就是載體蛋白，它們能特異地和鐵離子結合，將鐵離子運送到需要的細胞去。這些載體蛋白為什麼只和某種物質分子特異的結合？一個重要的原因是蛋白質分子的空間結構和特殊的官能基所產生的鎖鑰作用，這裡面的機制比較複雜，不再多講。這些載體蛋白又如何把它們結合的物質送到那些需要的細胞呢？這裡就需要另一種作用，叫做配體和受體的結合作用。簡單地說，細胞的表面存在另一種蛋白（稱為受體），它能和載體蛋白（稱為配體）產生特異吸附或結合，將載體蛋白吸附在細胞膜表面，並進一步透過細胞的胞吞等機制進入細胞，從而實現營養物質的特異性傳輸。胞吞作用是細胞透過膜動作用捕獲外界物質的一種方式。

利用上面兩種作用，就可以將藥物分子靶向到某些細胞中去，這種藥物的傳輸方式，需要細胞表面受體蛋白作為媒介，因此稱為介導轉運。例如，可以透過對藥物分子進行修飾，使得這種藥物分子也能和特定的載體蛋白結合，而轉運到需要到達的部位。也可以在藥物分子上修飾細胞上某種受體能夠辨識並特異結合的物質，或者將藥物包埋在一些奈米顆粒中，在奈米顆粒的表面修飾上這種物質。膜分子生物學的快速進展使我們認識了多種轉運蛋白，大部分轉運蛋白（如有機離子轉運蛋白、肽轉運蛋白、葡萄糖轉運蛋白等）在體內分布廣泛，包括消化道、腦血屏障以及各種器官和組織。從人體的這一機制出發，利用膜轉運蛋白介導藥物，成為實現藥物靶向輸送、提高藥物吸收利用程度、降低毒副作用的絕好途徑，以此方式介導藥物輸送成為藥物輸送領域最熱門的研究方向。目前報導的被應用於藥物輸送的膜轉運蛋白至少包含 7 大類的 50 多種，其應用涉及了促進胃腸道吸收、跨越腦血屏障、實現細胞

靶向、基因藥物的細胞內輸送等多個領域。採用肝癌細胞表面的某種受體來介導藥物靶向輸送到癌細胞內部，就是這種方法在抗癌領域一個應用。

> ● 紫杉醇的白蛋白結合奈米粒（Abraxane），已經用於臨床，使紫杉醇毒副作用降低，抗癌效果得到更充分的發揮。
>
> Abraxane 的大小約 150nm。注射進入血液循環後，奈米微粒就會以與正常白蛋白完全相同的方式，與血管內皮細胞上的 gp60 白蛋白受體結合，被活化的 gp60 受體與細胞膜上窖蛋白相互作用，形成胞膜窖，胞膜窖將載有藥物的白蛋白傳送並聚集在腫瘤間質中。許多腫瘤在生長過程中發展出一種可最大限度汲取與白蛋白結合營養物的生物特徵，因此白蛋白的獨特結構使其成為理想的轉運分子。
>
> 陳頌雄（Patrick Soon-Shiong Chan），Abraxane 的發明者，是華裔科學家，以 122 億美元資產在全球富豪榜（2015）上排名第 96 位，是 NBA 洛杉磯湖人隊的股東。

3.6
化學與化學工程實現藥物的控制釋放 ....

　　許多疾病的治療都要求有效的血藥濃度，以保證達到治療效果，同時還要減小副作用。僅僅把藥物輸送到治療所需要的靶點，而無法達到治療所需要的藥物量，並不能獲得預期的治療效果。如果藥物的分布性質是已知的，那麼治療所需要的藥量就直接和血液中藥物的量（稱之為血藥濃度）相關，血藥濃度超過一個最低濃度後才會產生明顯的治療效

果，這個濃度稱為最低有效濃度（MEC）；而當血藥濃度超過一定濃度後，會產生顯著的毒副作用，這個濃度稱為最低致毒濃度（MTC），用藥時必須保證血藥濃度在 MEC 和 MTC 之間，這個區間稱為治療窗。這個窗口的寬度和藥物性質相關。

　　大部分疾病的治療需要在一定時間內持續給藥以使血藥濃度維持在治療窗內，發揮穩定的治療效果，對這種藥物，最理想的情況是，藥物在血液中保持一個恆定的濃度。但也有一些的疾病與人體的生理時鐘存在一定關係，有明顯的節律性特徵，例如哮喘、心絞痛、胃酸分泌過多、偏頭痛、癲癇等，在夜間發作較為頻繁和劇烈，這些疾病的晝夜率相吻合。還有一些情況，需要根據治療的效果及時調整血藥濃度，最典型的就是胰島素依賴性糖尿病（I 型糖尿病）的治療。當患者使用胰島素一段時間後，血糖開始降低，當血糖降低到正常值後，如不停止給藥，還會繼續降低，如果降低過多，病人就可能發生休克等危險。因此，理想的狀態是根據血糖的水平即時調節血液中胰島素的含量。

　　智慧的控釋技術使這一切成為可能。化學工程為控釋技術提供了堅實的理論基礎，節律還會引起治療藥物的體內藥動學和藥效學的晝夜變化，這是化學工程領域的科學家和工程師們的優勢所在。研究物質在另一種物質（介質）中的傳遞現象是化學工程的重要研究內容。依據化學工程的傳質理論，解析藥物釋放和吸收過程中藥物或某個關鍵輔料的傳輸規律，並利用化學工程和藥劑學的方法，可以將藥物的釋放模式變為可控的，因而藥物在血液中濃度也是可控的。

　　控釋的方法很多，下面透過幾個具體的例子簡單介紹一些控釋方式的原理與應用，從中我們也將了解到化學工程是如何發揮作用的。

恆速釋藥系統 —— 滲透壓幫浦

　　對那些需要在一定時間內持續給藥以使血藥濃度維持在治療窗內的情形，一般利用給藥的頻次和每次給藥的劑量來實現。服藥時，醫生或藥品說明書都會告訴我們服用頻次（每日幾次或每隔幾小時一次）以及每次的用量，這個次數和用量就是根據藥物的治療窗和藥物的半衰期（血藥濃度降低一半所需要的時間），透過動物和臨床實驗獲得的，它保證對於大多數人而言，血藥濃度都被控制在治療窗口內。但這樣得到的血藥濃度並不是穩定的，往往不斷波動。對於那些治療窗寬的藥物，允許波動的範圍大，可以用較少的頻次給藥，而對於治療窗窄的藥物，必須用較高的頻次給藥，這就是為什麼有不同的服用次數。

　　儘管我們可以透過給藥的頻次和每次給藥量來把藥物控制在治療窗內，但並不理想。一方面，血藥濃度的波動在所難免，而這種波動也必然造成藥效的波動；另一方面，治療窗很窄的藥物，或者對藥物敏感的患者（他們的治療窗要比一般患者窄），只能採用很高頻次用藥（例如，每天 4 次或者更高）甚至只能是持續穩定給藥（例如靜脈注射），給患者帶來很大的麻煩。最理想的情況是藥物在血液中保持一個恆定的濃度。

　　滲透壓幫浦控釋技術可以幫助藥物實現這一狀態。說到「滲透壓幫浦」，就必須知道「滲透壓」。如圖 3.9 所示，在一個 U 形管的中間，放置一個隔膜，這個隔膜可以讓水分子通過，但不會讓其他的分子通過，這種有選擇的讓一些分子通過的膜稱為半透膜。在 U 形管的一端裝上 NaCl 溶液，另一端裝上一樣高度的純水。此時，水分子會透過半透膜從水向鹽水一側移動，以降低鹽水中 NaCl 的濃度，結果就使鹽水一側的液面不斷升高，直到高出某個高度後，才停止滲透。這段水柱產生的壓

強就叫做滲透壓。滲透壓原理告訴我們，用半透膜分隔兩個濃度不同的溶液，溶液中水就像施加了一段水柱的壓強一樣，從低濃側向高濃側擴散。這個作用被用來控制藥物的釋放，並開發出了滲透壓幫浦技術。

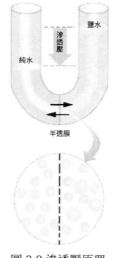

圖 3.9 滲透壓原理

在 U 形管的中間放置半透膜，兩端裝上一樣高度純水和鹽水。此時，水分子會通過半透膜向鹽水一側移動，以降低鹽水一側鹽濃度，結果就使鹽水的液面不斷升高。

1955 年，兩位澳洲學者首先提出了最初的滲透壓幫浦概念，用於牲畜胃腸給藥（圖 3.10）。它包括：藥室、鹽室和水室 3 個室，以及水室與鹽室間的剛性半透膜、鹽室與藥室間的剛性膜等六大部分，被稱作 Rose-Nelson 型滲透壓幫浦。

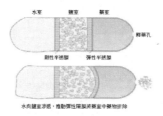

圖 3.10 最初的滲透壓幫浦結構

滲透壓幫浦領域的開拓者是兩位澳洲學者 S. Rose 和 J. F. Nelson。1955 年，他們發表的論文 "A coutinous long-term injector"，首次利用滲透壓這個普通的物理化學現象，製造出了滲透壓幫浦的雛形。

1974 年，Theeuwes 提出了初級單室滲透壓幫浦的概念及構造，使滲透壓幫浦製劑成為普通包衣片的簡單形式，從而使之走向了工業化生產和臨床實際應用。在該裝置中，去除了分離的鹽室，改為利用藥物自身的滲透性及某些助滲透劑（如 NaCl）的作用來為釋藥提供動力（圖3.11）：在使用時，水分從半透膜吸入片內，使片內形成很高的滲透壓，從而使片內藥物的飽和水溶液由片表面的小孔釋出。

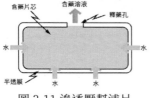

含藥片芯　含藥溶液　釋藥孔
水　　　　　　　　　水
半透膜　水　水

圖 3.11 滲透壓幫浦片和結構示意圖

滲透壓幫浦片由片芯、包衣膜和包衣膜上採用雷射鑽出的釋藥孔組成；片芯中包含了鹽、藥物以及作為骨架的高分子材料，包衣 膜只能允許水分子通過。

那麼滲透壓幫浦為什麼能恆速釋藥呢？以初級單室滲透壓幫浦為例來說明其中的原理，從中我們也可以看到化學和化工原理的應用。假定滲透片中的滲透助劑為 NaCl（實際上也經常採用）。當單室滲透壓幫浦片口服進入胃腸後，胃腸溶液中 NaCl 遠遠小於片中 NaCl 的濃度，此時片劑包衣膜的內外就產生滲透壓，在滲透壓的作用下，胃腸液中的水開始不斷滲透入片劑。水的滲透速率可以在很長一段時間（例如 12h 甚至更長）內是恆定的，因為我們可以設法在片芯中加入大量的 NaCl 晶體，使片內部 NaCl 溶液總是飽和的，這樣滲透壓就保持不變了。滲透進片內的水，溶解了藥物和 NaCl，但同時占據了片內有限的體積，於是這些水必須再從膜上的那個小孔排出去，那些藥物也就隨之被排出去了。如果藥物在水中的溶解度較高，且溶解速率足夠大，在排出去的水中藥物基本上就是飽和濃度。前面講到水滲透速率

是恆定的，那麼從小孔中排出水的速率也就恆定。在一定溫度下，藥物的飽和溶解度是固定的，這樣，藥物從小孔排出的速率也就恆定了。

　　透過滲透壓幫浦技術控制藥物在吸收系統（例如口服的胃腸道中）的恆速釋放，或者在血液中的恆速釋放，使藥物在一定時間內維持一個恆定的、對發揮治療效果最好的血藥濃度，不僅可提高治療效果，還可以減少用藥的頻次，極大地方便了患者。應用這種技術生產的口服控釋片，我們可以每天僅服用一片藥，而維持身體內穩定的血藥濃度。

擇時釋藥系統 —— 釋藥鐘

　　對那些有節律性發作或加重的疾病，最理想的給藥方式是，使用藥後產生治療血藥濃度的時刻和疾病通常發生的時間所吻合。一方面，這樣可以更好地應對疾病，同時避免某些藥物因持續高濃度造成的受體敏感性降低和耐藥性的產生，當然還會減小毒副作用。擇時釋藥（time-dependent delivery）技術幫助我們實現這一用藥方式。這樣釋藥系統根據疾病節律性的特點，使服藥時間和釋藥時間有一個與生理週期相搭配的時間差，在疾病最佳治療時期提供並維持最佳的血藥濃度。

　　心臟病是威脅人類的第一大疾病，每年全世界有 700 多萬人因缺血性心臟病死亡，占死亡總數的 13%。心血管疾病往往好發於凌晨，而此時人們通常處於深度睡眠而不知用藥，失去最佳的治療時機。很多病人在睡前服用藥物以預防睡眠中心臟病的發作，然而，這些藥物服用後，很快會在血液中達到一個峰值，緊接著便不斷下降，幾小時後，藥物的濃度已經降低到不足以抑制疾病的發作。一種擇時釋藥的控釋技術幫助患者解決這一問題：患者在晚上睡前服藥（如 21 時），藥物在胃腸內大約 3h 後（0時）釋放並很快被吸收進入循環系統，在 6h 前後（凌晨 2 時）達到合理

血藥濃度，並維持 4 ～ 6h，從而大大降低了心血管疾病凌晨發作的危險。

　　大部分片劑進入體內後，需要和水接觸，在水的滲透、侵蝕作用下才能釋放出藥物，因此只要在一定的時間內將片劑和水隔離，就能延遲其釋放，使其在需要的時候再開始釋放。一個簡單的做法是，在片劑表面包一層包衣。這層包衣和滲透壓幫浦片的半透膜包衣不同，它是一種水難通過的包衣，在一定時間內（這個時間可以透過包衣材料和厚度來改變），這層包衣包覆在藥片外，阻止水的滲透，也就阻止了片劑的崩解和藥物的釋放。直到隨著胃腸蠕動的機械作用和胃腸液的侵蝕作用，這層包衣被破壞並從片劑上剝離後，水才能和片劑接觸，並進入片劑，溶解釋放藥物。如果把這種包衣包覆在滲透壓幫浦片的外面，就可以使滲透壓幫浦在服用後先不釋藥，而在經歷了設定的時間後，開始恆速的釋藥，並在治療需求的時間內，維持一個穩定的、最佳的釋藥速率，達到最佳的治療效果。

　　●藥物受控釋放／控釋給藥（controlled drug release）：廣義上，指根據治療需求，藥物按照設定的速率和程序釋放，不僅包括釋放的速率，還包括釋放的所有動力學特徵，以及按照一定的程序釋放（比如按照先後兩個不同的速率釋放）、回饋控制釋放（比如根據血糖水平，控制胰島素的釋放）。狹義上往往指藥物以恆定速率從藥物輸送系統中釋放出來，如口服控釋製劑。透過控制釋放，可以調控藥物在血液中或者靶組織中的濃度，使其最好的滿足治療和降低毒副作用的需求。

　　國際控釋協會（Controlled Release Society，CRS）的標誌。CRS 是藥物傳輸科學與技術領域內最重要的國際學術組織。

3.7
結語：化學工程為人類的健康創造新奇蹟 ·····················

　　智慧給藥系統的開發，已經超過新化合物的發現，成為當今世界各大製藥公司新產品開發的主要策略之一。它不但幫助越來越多新開發的化合物和生物分子藥物更好地發揮治療作用，也使我們原來市場上約 20 萬種療效確定藥物 —— 這些藥在市場上經歷了幾年、幾十年甚至上百年 —— 獲得更高的療效和更低的副作用。與此同時，開發智慧給藥系統往往可以用更小的投入，獲得更大的經濟和社會效益。在美國有一個概念，就是 10 年左右的時間，10 億美元左右的投入才能獲得一個成功的新化合物；而新型給藥系統的開發時間和費用都遠小於這個水準。

　　目前，在全球銷售的藥品中，已有約 10％以新型藥物輸送系統出現。近來，智慧藥物輸送系統在市場的占比不斷提高，其前景非常樂觀。據世界知名行業分析機構 GBI Research 分析和預測，2009 年以靶向與控釋製劑為主的新型藥品的全球銷售額達到了 1,010 億美元，而這個數字將以每年約 10.3％成長。這個數字足以令我們十分振奮，但更重要的是，這些智慧藥物輸送系統的出現和臨床應用，使醫療的水準達到新的高度，為人類的健康和發展提供保障。

　　化學工程師們和來自醫藥、生物、材料領域的科學家們密切合作，開發出多種智慧藥物輸送系統，使藥物治療的過程更加精確、高效、安全和方便，使藥物治療的過程令人愉快。

　　實際上，這只是化學與化學工程在人類健康領域貢獻的一個縮影。在和人類健康相關的很多領域，化學與化學工程都在發揮自己的作用。例如，在人工器官方面，在組織工程方面，在疾病的智慧診斷技術方面等。

　　化學與化學工程領域的科學家和工程師感到自豪，他們藉助於化學工程的強大理論和豐富實踐，不僅為滿足人們不斷增長的物質需求貢獻著重要力量，也將為人類的健康創造新的奇蹟。

> ● MIT 化學工程系的 Langer 研究組是國際上最知名的藥物傳輸系統研究團隊。該團隊開發了大量控釋和長期釋放技術，對工業界有重要影響；對控釋系統的基礎研究同樣有非常重要的貢獻。(https://langerlab.mit.edu)

04

神奇的碳
Miraculous Carbon

時而閃亮耀眼，時而烏黑幽暗；
時而為名媛貴婦的眷寵，
時而是能量與動力的脊梁；
這就是碳，一個神奇的元素。
多變的碳元素讓科學家變成玩樂的孩童，
陶醉在無窮無盡的變化和探索中。

04 神奇的碳
Miraculous Carbon

需要重新認識的元素
An Element that Needs to Be Re-understood

迄今為止，人類在神祕的自然界中總共發現了 113 種元素。在這 113 種元素中，有一種元素非常特別！它是宇宙早期最重要的元素，也是當今地球最重要的元素。它與鐵、硫、銅、銀、錫、銻、金、汞、鉛等元素一樣，是古代人類早就認識和利用的元素，也是如今運用最廣泛的元素。在 113 種元素中，在全球最大的化學文摘 —— 美國《化學文摘》（*Chemical Abstracts*）上登記的化合物總數近兩千萬種，而其中除它以外的 112 種元素之間只能相互形成十幾萬種化合物，也就是說，這種神奇的元素所形成的化合物幾乎是其他 112 種元素化合物總和的 1,000 倍！在地殼中它的含量很低，但在生命體、石油、煤礦、天然氣和植物等統稱為「有機界」的物質中，都有它的身影，由此形成了我們星球獨有的生物圈。在元素週期表中與之相鄰的元素 B、N 及 Si 卻沒有它們的「有機界」，更形成不了生物圈。這種神奇的元素就是碳！現在就讓我們走進碳的世界，揭開它的神祕面紗吧。

4.1
碳的發現

碳，是自然界存在十分廣泛的一種元素，也是人類最早接觸到的元素之一。地殼、動植物體、石油、煤礦、天然氣等中都蘊含著大量的碳元素，從整個地殼組成看，碳的豐度僅為 0.023％，因此不能把它看做岩石圈的主要元素，但它卻主宰著在地殼之上的生物圈，是構成生物圈中的動物、植物以及微生物的主要元素。

自從人類在地球上出現以後，人就和碳有了接觸 —— 閃電使木材燃燒後會殘留木炭，動物被燒死後會剩下骨碳。公認的人類進步是從使用火開始的，而使用火的關鍵是引火，在學會了怎樣引火以後，碳就與人類「結緣」了，所以碳是古代就已經知道的元素。雖然難以確定發現碳的精確日期，但是碳真正走入科學，走入化學，是法國科學家拉瓦節（Lavoisier）的功勞。在西元 1787 年他的著作《化學命名法》（*Méthode de nomenclature chimique*）中首次出現了碳。到了西元 1789 年，拉瓦節又在他編製的「元素表」中，首先指出碳是一種元素。

碳元素的拉丁文名稱 carbonium 來自 carbon 一詞，就是「煤」的意思。而碳的英文名詞就是 carbon。

據考證，北京周口店地區遺址中有單質碳的存在，時間可以上溯到大約 50 萬年以前。從新石器時代人類開始製造陶器起，炭黑就被用來作為黑色顏料製造黑陶。中華民族也是最早使用碳的民族之一。史料記載，戰國時代（西元前 403 年—前 221 年）的人們就已用木炭煉鐵。隨著冶金業的發展，人們在尋找比木炭更廉價的燃料時，找到了煤。中國考古工作者在山東平陵縣漢初冶鐵遺址中發現了煤塊，說明中國漢朝初期，即西元前 200 年就已用煤煉鐵了。

今日我們不但對碳有了深刻了解，發現了碳的獨特性質，而且應用這些性質發現了新的碳形態，開發和製造了新的碳材料例如碳纖維，它因為比人的毛髮還細小，有著其他碳材料大不相同的特點。這些新材料廣泛地應用於工業、農業、交通和日常生活中。

迄今為止，人類在神祕的自然界總共發現了 113 種元素，這些元素構成了如今五彩繽紛的世界。雖然碳含量還不到所有元素的 1%，但是，如今已知的 113 種化學元素中，除碳之外的 112 種元素所形成的化合物

只有十幾萬種，而碳的化合物卻有上千萬之多，幾乎是其他 112 種元素化合物的 1,000 倍！可真夠神奇！也說明在所有元素中碳的地位是非常特殊的。

4.2
獨特的原子結構 ·····················

從現代宇宙論中對元素起源的研究可以得知，碳是由母元素氫在 10^7K 高溫下熱核反應形成 He，當 10% 的氫轉變為氦時，若恆星的質量足夠大，由於引力收縮，溫度繼續升高，發生稱之為「氦燃燒」的熱核反應，就得到 ^{12}C，它是前地球期最重要的元素。碳之所以神奇，肯定與碳原子結構、原子間結合（即形成化學鍵）的特徵有關。

看似平凡的原子核結構

從原子核結構看，碳與其他原子沒有太大的差異，它有 6 個質子，中子數卻不同，這就導致碳的多核素（同位素，用 ^{n}C 表示，角標 n 為核質量數）現象。目前已知的碳同位素共有 12 種，從 ^{8}C 至 ^{19}C，其中 ^{12}C 和 ^{13}C 屬於穩定型，特別是質子數和中子數相同的 ^{12}C，其核結合能很大，因而特別穩定。其餘的碳核素均具有放射性，其中 ^{14}C 的半衰期長達五千多年，其他的均不足半小時。自然界中，^{12}C 豐度為 98.93%，^{13}C 僅為 1.07%。C 的原子量取碳 ^{12}C 和 ^{13}C 兩種同位素的加權平均（即 98.93% ×12 ＋ 1.07% ×13），一般計算時取 12.01，也就是說，幾乎 100% 是穩定的 ^{12}C 和 ^{13}C。由於放射性的 ^{14}C 含量極低，所以週期表中不把碳說成放射性元素，只要在旁邊同位素情況說明中，把 ^{14}C 標為不同顏

色的、表示放射性同位素即可。但是，^{14}C 儘管量少，其來源卻特殊，在大氣中，不斷發生著 ^{14}N 受到高能輻射轉變為碳的放射性同位素 ^{14}C 的核反應。由於 ^{12}C 的高穩定性以及在應用質譜法測定原子量時的特殊表現，它被選為國際單位制中相對原子質量基準。

神奇的碳鐘 —— ^{14}C

日本千戶縣風川地方的泥層中，發掘出了一些保存得很好的古蓮子。科學家們測定這些種子已有三千歲了。這些種子經過培育，照樣開花結了果實。

1980 年代，考古人員在新疆的羅布泊發現了一具褐色的年輕女屍，她的頭髮微捲，眼睛閉著，就像沉睡中的少女。科學家們說，這具女屍距今已有兩千多年了。

科學家是怎麼知道古蓮子和女屍年齡的呢？

原來，自從 20 世紀發現放射性元素和它蛻變生成的同位素後，科學家們找到了一種大自然的「鐘錶」 —— 放射性 ^{14}C，這種「碳鐘」不需要人上發條，也不會受外界溫度、壓力等影響，億萬年來，它始終準確和不停地走動著。用它可以準確地測定一些化石和古物的年齡。因為，活的植物吸收大氣中的二氧化碳，也吸收了混合在一起的 ^{14}C，動物食用植物時也會攝取 ^{14}C，當動植物死亡後，與外界停止了物質交換，^{14}C 的供應也就停止了。從這時候起，生物體內的 ^{14}C 由於不斷放出射線、衰變，含量逐漸減少。大約平均每過 5,568 年，^{14}C 的含量便會減少一半，要知道古蓮子和女屍的生活年代，只要測定一下它們中 ^{14}C 的含量，就可以推算出來了。

04 神奇的碳
Miraculous Carbon

獨特的核外電子組態

單從核組成看，碳原子核與相鄰元素相比，展現不出它的神奇之處。那就看它的核外電子組態吧。

碳的原子序數是 6，核外有 6 個電子。現代物理學分支 —— 量子力學證明核外電子的運動是具有特殊規律的，只能在被稱為原子軌道的一定的空間區域內出現。

首先這些區域是分層次的，由主量子數 n = 1，2，3，……正整數表示，隨 n 的增加依次遠離原子核，稱之為殼層分布。而且每個殼層內還包含若干亞層，用 s，p，d，……表示。在每個亞層內電子也不是任意地排序及排列，而是分布在稱之為軌道的區域中。這些軌道（即區域）是特殊數學函式在空間的圖像，有特定的幾何體，如球形的 s 軌道，啞鈴型的 p 軌道等（圖 4.1）。

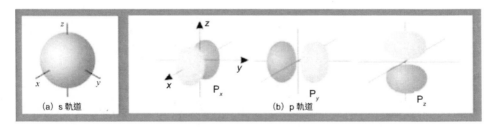

圖 4.1 碳的原子軌道幾何圖形

其中，s 亞層只有一個球形的 s 軌道；p 亞層有 3 個啞鈴型的 p 軌道，它們能量相同（稱之為三重簡併）。同時，這些軌道在空間的數目和方位也是確定的，如三個 p 軌道是相互垂直的。

C 原子核外 6 個電子的排列方式為 $1s^2 2s^2 2p^2$，兩個 1s 電子在離原子核最近的球形軌道內運動，是第一電子殼層，n = 1；其餘 4 個電子在 n = 2 的第二殼層出現，該殼層又有兩個亞層，即 2s 和 2p。兩個電子在

離原子核較遠的第二個球殼即 2s 軌道內出現，另外的兩個電子，按照洪德（Hund）定則，分別填充在 p 亞層的兩個 p 原子軌道內，自旋方向相同，故基態碳原子有兩個未成對電子，具有磁性。其最外殼層電子容易參加化學反應，稱之為價電子。碳有 4 個價電子，正好有 4 個軌道，非常有利於原子間結合形成共價鍵。它的價電子就出現在 2s 和 2p 軌道內，因電子出現的區域不同，受到原子核的吸引也不同，導致它們的能量不同。碳位於元素週期表的非金屬和金屬元素之間，價電子的運動既受到原子核吸引又受到內層電子的排斥，這兩種相反作用正好達到微妙的平衡。

　　而 B 和 N 則分別有 3 個和 5 個價電子，比 C 電子數少或多，不利於成鍵。雖然 Si 也具有和 C 一樣的價電子數，但其價電子位於第三殼層，使得核對它們的吸引力下降，打破了那種微妙的平衡，成鍵作用下降。這也是碳有別於其他的元素而神奇的原因之一。

4.3
豐富的成鍵特性 ···

　　碳之所以形成種類繁多的化合物，是因為碳具有其他元素原子沒有的、與自身及與其他原子結合能力特別強的特性，能夠分別和 2 ～ 4 個氫、氧、氮等不同的原子或碳原子自身互相結合。這是由碳原子之間或與其他原子獨特的結合方式，亦即化學上稱為成鍵方式決定的。碳位於元素週期表的非金屬和金屬元素之間，它的價電子層結構為 $2s^22p^2$，在化學反應中它既不容易失去電子，也不容易得到電子，難以形成離子鍵，而是形成特有的共價鍵，它的最高共價數為 4。

有趣的是，與之相鄰，且屬於同一族的元素 Si，儘管也有相同的價電子構型，為何卻不能形成像 C 那樣豐富的化合物？事實上這一問題也在很長一段時間裡困擾著化學家，直到近代，量子化學和結構化學的研究，才揭示出其中的奧祕，原來是兩者的成鍵能力存在很大差異。碳原子軌道可以混合起來重新組合，形成新的軌道（稱為混成），大大提高了原子間結合效率，形成穩定的、多樣的化學鍵，進而形成豐富的化合物。

由甲烷想到的 —— 碳原子軌道混成

甲烷是我們所知的最簡單有機物分子，由一個碳原子與四個氫原子組成，碳原子位於中心，與位於正四面體頂點的四個氫原子形成四個完全相同的共價鍵（圖 4.2）。正是這一完美的結構難倒了當時的大化學家，因為當時認為，形成共價鍵需要成鍵原子提供單電子，必須兩個單電子配對，同時要求軌道重疊才行。要形成四個 C － H 鍵，C 必須有四個單電子。而碳原子只有兩個單電子，那甲烷是怎樣形成的呢？

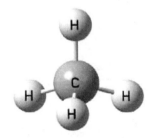

圖 4.2 甲烷的結構示意圖

首先要解決單電子數量不足的問題。這可以透過 C 的 $2s^2$ 電子吸收外界提供的能量後，激發到空的 2p 軌道來實現。此時價電子的排列由 $2s^22p_x{}^12p_y{}^1$ 變為 $2s^12p_x{}^12p_y{}^12p_z{}^1$，滿足了四個單電子要求。然而一波未平一波又起，按照當時量子化學和結構化學的研究結果，原子形成共價鍵，是原子軌道重疊的結果，而且重疊程度越大，形成的共價鍵越強，因此一般成鍵原子間要進行原子軌道最大重疊。s 軌道和 p 軌道形狀不同，重疊後區域的形狀也不同，形成的四個共價鍵也就不同！怎麼辦？

　　大理論化學家、諾貝爾化學獎以及諾貝爾和平獎得主、物質結構理論創始人鮑林（Linus Pauling，1901 年—1994 年）提出的混成軌道理論解決了這些問題。原來原子與其他原子結合形成共價鍵時，可以對軌道的形狀進行某種方式的調整，此時原子價電子的出現區域（亦即軌道）的形狀會變形，達到最大重疊形狀，再結合並形成盡可能強的共價鍵。這種軌道的調整被稱為軌道混成，即原子軌道要混合起來重新組合，碳原子為了達到最大程度重疊，也要進行軌道混成。

　　最常見的混成方式是 sp^3 混成，4 個價電子被充分利用，平均分布在 4 個軌道裡，屬於等性混成。這種結構完全對稱，成鍵以後可以形成穩定的 σ 鍵，而且附近沒有其他電子的排斥，非常穩定。正是這樣甲烷分子中，C 原子 4 個 sp^3 混成軌與 4 個 H 原子生成 4 個 σ 共價鍵，分子構型為正四面體結構。金剛石中所有碳原子都是以此種混成方式彼此相結合成鍵的，四氯化碳 CCl_4、乙烷 C_2H_6 等烷烴的碳原子也是如此。

　　根據需求，碳原子也可以進行 sp^2 混成，混成後軌道呈平面三角形構型。這種方式出現在形成雙鍵（C＝C、C＝O、C＝N 等）或其他不飽和烴中（C_6H_6、萘等），未經混成的 p 軌道垂直於混成軌道，與鄰原子的 p 軌道成 π 鍵。烯烴中與雙鍵相連的兩個碳原子為 sp^2 混成軌道相互重疊生成 1 個 σ 鍵、1 個 π 鍵。在石墨中碳原子也採用這種混成。

　　在毒氣之一 —— 光氣分子 $COCl^2$ 中，C 原子以 3 個 sp^2 混成軌道分別與 2 個 Cl 原子和 1 個 O 原子各生成 1 個 σ 共價鍵，未參加混成的那個 p 軌道與 O 原子中的 1 個 p 軌道重疊，其中位於 C 和 O 原子上未成對的 p 電子配對生成了一個 π 共價鍵，所以在 C 和 O 原子之間是共價雙鍵，分子構型為平面三角形〔圖 4.3（b）〕。

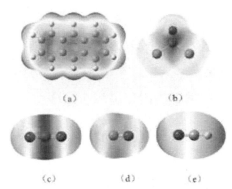

(a) 蒽 $C_{14}H_{10}$，（b）光氣 $OCCl_2$，以及常見
sp 型混成軌道分子，（c）二氧化碳 CO_2，
（d）一氧化碳 CO，（e）氫氰酸 HCN
圖 4.3 常見的 sp2 型混成軌道分子

碳原子也可以進行 sp 混成。這種方式出現在形成參鍵的情況中，生成 1 個 σ 鍵，未混成軌道生成 2 個 π 鍵，是直線形構型。例如 CO_2、HCN、CO 等（圖 4.3）。

在 CO_2 分子中，C 原子以 2 個 sp 混成軌道分別與 2 個 O 原子生成 2 個 σ 共價鍵，它的 2 個未參加混成的 p 軌道上的 2 個 p 電子，分別與 2 個 O 原子的對稱性相同的 2 個 p 軌道上的 3 個 p 電子，形成 2 個三中心四電子的大 π 鍵（Π_3^4 鍵），所以 CO_2 特別穩定〔圖 4.3（c）〕。在 HCN 分子中，C 原子分別與 H 和 N 原子各生成一個 σ 共價鍵外，還與 N 原子生成了 2 個正常的 π 共價鍵，所以在 HCN 分子中是一個單鍵，一個參鍵〔圖 4.3（e）〕。碳原子還可以進行另外的 sp 混成。2 個混成後的 sp 軌道中有一個生成 σ 鍵，而另一個容納一對孤對電子，這兩個軌道現狀不同，屬於不等性混成。未混成 p 軌道中有一個容納單電子，另一個是空的，形成兩種不同類型的 π 鍵，也是直線型構型。例如在 CO 分子中，C 原子與 O 原子除了生成一個 σ 共價鍵和一個正常的 π 共價鍵外，C 原子的未參加混成的一個空的 p 軌道可以接受來自 O 原子的一對孤電子對而形成一個配位 π 鍵，所以 CO 分子中 C 與 O 之間是參鍵，還在 C 上有一對孤電子對〔圖 4.3（d）〕。

由 sp^2 混成形成的石墨與 sp^3 混成形成的金剛石，因它們的軌道混成方式不同，使得原子組態的結構出現差異，最終導致截然相反的特性。這一事實說明，軌道混成對物質性質的影響是極大的。而改變混成方式

需要外界條件的劇烈改變，如由石墨人工合成金剛石就是在極端條件下才能實現軌道混成方式的轉變，後面將有詳細介紹。

其他類型成鍵

碳原子不僅可以形成單鍵、雙鍵和參鍵，也可以形成像芳香族中苯、萘、蒽〔圖 4.3（a）〕、菲等以六個原子形成的芳香環為主的多中心鍵，還可以形成長長的直鏈、環形鏈、支鏈等，甚至可以形成彎曲的鍵，縱橫交錯，變幻無窮，再配合上氫、氧、硫、磷和金屬原子，就構成了種類繁多的碳的化合物，特別是有機化合物。

而在富勒烯、石墨中則又有一番景象。儘管石墨它們的碳原子也是 sp^2 混成，但是不同於有機和無機分子那樣，每個原子周圍都是相同的碳原子，一個碳原子透過特殊的混成與周圍 3 個碳原子完全鍵合形成與苯環類似的、遍及整個分子的大 π 鍵。但碳奈米管和石墨片層的每層的不同之處是，前者基本上是一維的，而石墨則是平面二維的。

在 C_{60} 分子籠狀原子簇中，也存在其他類型的彎曲共價鍵和離域大 π 鍵。這種彎曲型鍵的出現，也著實使一些人感到意外，對混成軌道理論產生懷疑。但若將混成理論推廣，不要強求混成後的軌道一定要保持完美的幾何形狀，就可以用混成理論解釋這類共價鍵了，這也完全符合量子力學原理。事實上，正是彎曲鍵的出現，大大豐富了混成軌道理論。

超強的結合

化學鍵的強度可以透過鍵解離能來判斷。這一數值是指將化學鍵開啟所必需的能量，該值越大，鍵越強。而 $C - C$、$C - H$ 鍵比相鄰原子形成的鍵要強得多。正因為如此，才保證了原子間很強的結合及多種結

合方式。需要注意的是，B 因缺電子，Si 則因它的 p 軌道比 C 的大很多，難以有效重疊，均不能形成 π 鍵，而 N 的雙鍵又較弱，這些都影響了它們的化合物種類的豐富程度。

4.4
碳的單質形態——同素異形體 ·········

　　純淨的、單質狀態的碳有三種，它們是石墨、金剛石以及近年來發現的包括 C_{60} 及其他籠狀原子簇和碳奈米管的富勒烯，圖 4.4 至圖 4.8 所示，是碳的三類同素異形體。

　　此外，純碳的粉末或是用多孔木材所燒成的木炭，具有吸附雜質的作用，叫做活性炭，可以作為脫色劑、脫臭劑和水的濾清劑使用，更可以用來製造防毒面具。至於含碳化合物在空氣不足時燃燒，會放出黑煙，煙囪裡、灶肚內、鍋底上以及煤油燈玻璃罩壁上那些黑碳粉末，就是煙炱，也叫它炭黑，可以用作黑色的顏料和橡膠的填充劑。透過現代科學儀器分析，得知無論活性炭還是炭黑都是由十分微小的石墨顆粒構成的。拉瓦節做了燃燒金剛石和石墨的實驗後，確定這兩種物質燃燒都產生了 CO_2，因而得出結論，金剛石和石墨中是有相同的「構件」，而這種「構件」正是碳原子。正因如此，拉瓦節首先把碳列入元素週期表中。C_{60} 是 1985 年由美國德州萊斯大學的化學家斯莫利（Richard E. Smalley）、克羅托（Harold Kroto）等人發現的，它是由 60 個碳原子組成的一種球狀、穩定的碳分子，是繼金剛石和石墨之後的碳的第三種同素異形體。

烏黑油亮的石墨

　　石墨是元素碳的一種同素異形體，但是在電子顯微鏡下不斷放大，設想放大至目前還無法達到的上億倍，就會發現石墨是一層一層疊在一起的層狀結構，由單原子的層狀共價分子 —— 石墨烯分子靠弱的分子間力重疊在一起（圖 4.4）。

 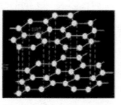

（a）石墨外觀　（b）石墨的內部分子結構
圖 4.4 石墨及其內部分子結構

　　石墨的密度比金剛石小，這倒不是因為其所有原子間結合都弱的原因，它的熔點比金剛石僅僅低 50K，為 3,773K，可見其碳原子結合也是很強的。在石墨晶體中，m 個碳原子以 sp^2 混成軌道和鄰近的三個碳原子形成共價單鍵，構成六角平面的網狀結構〔圖 4.4（b）〕。這些網狀結構又連成片層，層中每個碳原子均剩餘一個未參加 sp^2 混成的 p 軌道，在軌道中有一個未成對的 p 電子，同一層中這種碳原子中的 m 電子形成一個 m 中心 m 電子的大 π 鍵（Π_m^m 鍵），這些離域電子可以在整個碳原子平面層中活動，所以石墨具有層向的良好導電、導熱性質。另外，自由電子幾乎可以吸收所有波長的可見光，於是石墨看起來是黑色的。這種特殊的結合實際上比金剛石的還強。

　　那石墨為什麼軟呢？

　　石墨的層與層之間是以比化學鍵弱得多的（一般為化學鍵解離能的幾十分之一）分子間作用力結合起來的，因此石墨很容易沿著與層平行的方向滑動、裂開，使得石墨很軟，具有潤滑性。

　　利用石墨的這些特性可以製作鉛筆，可以用作潤滑劑，特別適用於在高溫狀態下工作的機器。在高溫下，一般的潤滑油會分解，然而石墨

的特殊層狀結構使得它能「安然無恙」，繼續發揮作用。

有一種軸承，它在成型時加進了石墨粉。這種軸承能長期工作而不必加油滑潤，因為它自身有石墨在發揮潤滑作用。

在直升機機艙的門鈕上，已經大量使用新型高精度的純石墨軸承。這種軸承既耐低溫又耐高溫，特別令人驚嘆的是，在真空條件下，它仍能保持良好的潤滑性。不僅如此，由於石墨層中有自由的電子存在，可以參與化學反應，因此石墨的化學性質比金剛石稍顯活潑。黑黑的石墨竟如此神奇！

晶瑩剔透的金剛石

大自然裡沒有比金剛石更硬的物質了。如果要思索金剛石，只能用金剛石做成的砂輪。金剛石折射光線的能力很強，它被思索以後，在光線的照射下，五光十色，十分迷人（圖 4.5）。金剛石是世界上最美麗的寶石，有寶石之王的稱號。測定物質硬度的刻劃法規定，以金剛石的硬度為 10 來度量其他物質的硬度。例如最硬的金屬鉻（Cr）的硬度是 9，鐵（Fe）為 4.5，鉛（Pb）為 1.5，鈉（Na）為 0.4 等。在所有單質中，金剛石的熔點最高，達 3,823K。

金剛石晶體屬立方晶系，是典型的原子晶體，每個碳原子都以 sp^3 混成軌道與另外四個碳原子形成共價鍵，構成正四面體，圖 4.5（c）所示為金剛石的面心立方晶胞的結構。由於金剛石晶體中碳碳鍵很強，高達近 $490kJ \cdot mol^{-1}$ 的鍵能，意味著打斷它十分困難，加上立體的網狀結構，從力學和工程結構方面看也是最穩定的結構，難怪無比堅硬。另外，所有價電子都參與了共價鍵的形成，晶體中沒有自由移動電子，所以金剛石不導電。常溫下，金剛石對所有的化學試劑都顯惰性，不發生化學反應，但在空氣中加熱到 1,100K 左右時能燃燒生成二氧化碳。

（a）鑽石

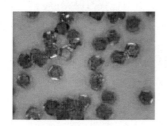

（b）金剛石

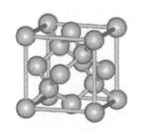

（c）晶胞結構

圖 4.5 鑽石和金剛石的外觀和晶胞結構

正因為電子被緊緊束縛，可見光無法使之躍遷，故純淨的金剛石是無色透明的。而我們見到的「晶瑩美麗」、「光彩奪目」，是因為光在打磨出的多個表面上發生全反射、折射所致。

金剛石即鑽石，自然界中可以找到集中的塊狀礦藏，而開採出來時一般都有雜質。用另外的鑽石粉末將雜質削去，並打磨成型，即得成品。一般在切削、打磨過程中鑽石要損耗掉一半的質量。金剛石除了裝飾之外，還可使切削用具更鋒利。

金剛石在自然界的產量很少，價格十分昂貴。在地球演化的漫長歲月裡，地殼深處的超高壓、超高溫可以達到金剛石的生成條件，在茫茫宇宙的演化中，也會有這樣的條件，可能形成想不到的超級巨鑽。據報導，研究人員發現了一顆類似地球體積的神祕恆星，令人驚奇的是，它就是一顆完整的「巨大鑽石」！美國威斯康辛大學密爾瓦基分校大衛·卡普蘭（David Kaplan）教授說：「這是一顆不同尋常的天體，它就應當在這裡，但是由於非常黯淡而很難探測到。」這顆恆星很可能與銀河系誕生於同一時期，大約 110 億年前。它距離地球大約 900 光年，研究人員猜測這顆星星溫度不會超過 2,700℃，相比之下，太陽中心溫度是其 5,000 倍。天文學家稱從理論上它們並不稀罕，但是光亮度較低，很難探測到其存在。

　　既然石墨與金剛石都是由碳原子組成，它們龐大的性質差異又是原子軌道混成和成鍵特性不同所致，若對石墨既「壓」又「烤」，達到 5 ～ 6 萬個大氣壓（5 ～ 6GPa）和 1,500K 的超高壓、高溫條件，石墨中層與層之間距離才會縮短，未混成的 p 軌道接近，碳原子原有的 sp^2 軌道混成形式就會轉變為 sp^3，形成新的共價鍵，最終變為堅硬而昂貴的金剛石。由此看來，軌道混成形式的改變是多麼困難！難怪用人工方法製造的鑽石，無論是產量、質量還是粒徑大小均難以達到天然狀態，所得到的塊頭較小，通常都用在工業上。故人工合成金剛石，還需要很長時間的努力！

神通廣大的活性炭

　　1915 年，第一次世界大戰期間，德軍為了打破僵局，向英法聯軍使用了可怕的新武器 —— 化學毒氣氯氣，導致英法士兵傷亡慘重。但在兩個星期後，科學家就發明了防護氯氣毒害的武器：一種特殊的口罩。在氯氣作為毒氣使用後還不到一年，更有效的解毒物質就被科學家找到了。它就是活性炭！活性炭的吸附作用與被吸附的氣體的沸點有關。沸點越高的氣體，活性炭對它的吸附量越大。軍事上使用的大多數化學毒氣的沸點都比氧氣、氮氣高得多，所以活性炭對很多化學毒氣都有防護的效果。活性炭的作用還遠不只這些，它在製藥、食品、氣體分離等方面也有廣泛的應用。

令人討厭的寶貝 —— 煙炱

　　誰都知道，寫字的墨汁是黑色的，印書的油墨是黑色的，汽車和飛機的輪胎也是黑色的。這種種黑色的東西，裡面都有煙炱的成分。煙炱對於橡膠工業極為重要，90％左右的煙炱用於橡膠工業，製造一個汽車

輪胎，需要好幾公斤的煙炱。橡膠是一種大分子化合物，分子間的空隙很多，加進煙炱主要是為了填充這些空隙，增強橡膠的機械強度，使它有耐拉、耐撕、耐磨等優良效能。

　　如果沒有煙炱，世界上就沒有字跡永不磨滅的書，汽車不能跑長途，飛機也難以起飛。中國的勞動者早在一千七百多年前就懂得用煙炱來製造墨汁。當時所用的煙炱是從煙囱裡收集得到的。從煙囱收集煙炱，數量終究有限，滿足不了社會發展的需求。現代，人們主要是用分解天然氣的方法來大量製取煙炱。

神奇的富勒烯

　　1985 年，科學家克羅托（英國）和斯莫利（美國）等人在研究太空深處的碳元素時，發現有一種碳分子由 60 個碳原子組成。當斯莫利等人打電話給美國數學會主席告知這一消息時，這位主席竟驚訝地說：「你們發現的是一個足球啊！」克羅托在英國的頂級雜誌 *Nature* 發表第一篇關於 C_{60} 的論文時，索性就用一張安放在德州草坪上的足球照片作為 C_{60} 的分子模型。這種碳分子被稱為布基球，又叫富勒烯（fullerene，圖 4.6），它是繼石墨、金剛石後發現的純碳的第三種獨立形態，也是碳的真正第三類同素異形體。

（a）C60

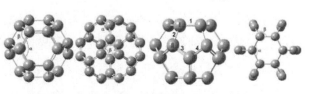

（b）異構體

圖 4.6 富勒烯和它的幾種異構體

按理說，人們早就該發現 C_{60} 了。它在蠟燭煙黑中，在煙囪灰裡就有。事實上，若不加壓，繼續「烤」石墨，達到其昇華溫度（3,697℃），石墨就變成由少數碳原子（Cn，n = 1，2，……）構成的氣態碎片，經過由複雜的裝置控制的冷卻過程，就可以得到富勒烯、碳奈米管等。另外，鑑定其結構所用的質譜儀、核磁共振譜儀幾乎任何一所大學或綜合性研究所都有。可以說，在那裡的化學家都具備發現 C_{60} 的條件，然而幾十年來，成千上萬的化學家都與它失之交臂。直到 1985 年 9 月初，在美國德州萊斯大學的斯莫利實驗室裡，「有心人」克羅托和斯莫利等人為了模擬 N 型紅巨星附近大氣中的碳原子簇的形成過程，進行了石墨的雷射汽化實驗，發現了一個與石墨和金剛石這兩種已知的碳穩定存在形式所顯示出的峰型完全不同並且非常穩定的質譜訊號，透過仔細分析才從所得的質譜圖中發現，這一訊號應當歸屬於質量數相當於由 60 個碳原子所形成的分子 C_{60}，訊號的特殊性，說明 C_{60} 分子具有與石墨和金剛石完全不同的結構。正因為如此，1996 年羅伯特·科爾（Robert F. Curl，美）、哈羅德·克羅托（英）和理察·斯莫利（美）分享了諾貝爾化學獎。

在發現 C_{60} 之後，又相繼發現了眾多碳原子數高於 60 的富勒烯分子，也發現了碳原子數低於 60 的小分子富勒烯，現已形成較為完整、頗為壯觀的富勒烯家族。

C_{60} 分子是以什麼樣的結構維持穩定的呢？當 60 個碳原子以它們中的任何一種形式排列時，都會存在許多懸鍵，就會非常活潑，這與介於 sp^2 和 sp^3 之間的分數型軌道混成 $sp^{2\text{-}3}$ 有關。$sp^{2\text{-}3}$ 混成能形成特殊的彎曲鍵，進而形成特殊的結構。受到建築學家富勒用五邊形和六邊形構成的拱形圓頂建築的啟發，克羅托等認為 C_{60} 是由 60 個碳原子組成的球形 32

面體，即由12個五邊形和20個六邊形組成，最終碳原子採用$sp^{2.28}$混成，只有這樣，C_{60}分子才不存在懸鍵。

　　C_{60}的對稱性極高，而且比其他碳分子的結合更強，也更穩定。其分子模型與那個已在綠茵場滾動了多年、由12塊黑色五邊形與20塊白色六邊形拼接成的足球竟然毫無二致。富勒烯分子的形成遵循五元環和更小環分隔的基本原則。C_{60}的結構就展現了五元環分隔原則，它避免了兩個五元環直接相鄰。這些類似的籠狀結構，都是碳原子間直接連接成鍵的，它們在無機化學上又屬於原子簇類。碳原子簇除了上述種類外，透過張力很大的環的分隔甚至可以形成原子數更少的籠狀結構，如C_{24}。不同於C_{60}，C_{24}還有幾個異構體〔圖4.6（b）〕。

　　通常情況下sp^2混成的碳原子之間形成的是平面結構，p軌道與鍵之間相互垂直，電子之間在一個水平面內可以充分地形成共軛，但在富勒烯中C原子之間構成的是三角錐形結構，其p軌道與鍵之間的角度大於90℃，彎曲減弱了電子間的共軛，對富勒烯化學反應活性有很大的影響。

　　富勒烯作為一種新型奈米碳材料，在功能材料、超導、磁性、光學、催化、半導體、蓄電池、藥物及生物甚至機械等方面表現出優異的效能，有極為廣闊的應用前景。在功能高分子材料領域，已有研究成果顯示，將C_{60}/C_{70}的混合物滲入發光高分子材料聚乙烯咔唑中，得到的新型高分子光電導體在靜電印刷、靜電成像以及光探測等技術中可廣泛應用。因為，C_{60}內原子間的特殊共價鍵和電子在整個籠內均勻排布，使得其非常堅硬，比一般高硬度合金鋼還要硬，又有球型結構，所以是最小的也是最硬的「滾珠」，和我們常見的軸承相似。另外，這種「滾珠」還由於外層的電子雲可以造成「潤滑」作用，使得C_{60}有潤滑性，可能成為

超級潤滑劑，還可作為潤滑油新增劑，新增少量富勒烯的潤滑油，能顯著提高潤滑效能。富勒烯還具有良好的光學及非線性光學效能，可用於生產保護人眼免受強光損傷的光限制產品，並在光運算、光記憶、光訊號處理及控制等方面有良好的應用前景。

對富勒烯進行化學處理可以得到其衍生物。有文獻曾報導了對 C_{60} 分子進行摻雜，使 C_{60} 分子在其籠內或籠外俘獲其他原子或基團，形成類 C_{60} 的衍生物的實驗。例如 $C_{60}F_{60}$ 就是對 C_{60} 分子充分氟化，替 C_{60} 球面加上氟原子，把 C_{60} 球殼中的所有電子「鎖住」，使它們不與其他分子結合，因此 $C_{60}F_{60}$ 一般不容易黏在其他物質上，其潤滑性比 C_{60} 更好，而且更耐高溫，可以做超級耐高溫的潤滑劑，也是一種超級「分子滾珠」。富勒烯的衍生物可防治愛滋病，還可以將富勒烯作為固體火箭推進劑的新增劑。C_{60} 分子可以和金屬結合，也可以和非金屬負離子結合。內嵌鹼金屬的富勒烯超導體是一類極具價值的新型超導材料。儘管富勒烯的前景如此誘人，目前實際應用仍處在起步階段，還沒有真正成為商品進入市場，主要原因是還不能進行大量低成本的生產，價格昂貴直接影響到富勒烯的應用和進一步開發。國際上對富勒烯的研發主要集中在開發使用低價原料，以及連續、大量（特別是工業化規模）生產富勒烯的技術和裝置上。

目前已知有多種方法可以製備富勒烯。例如，在一定壓力的氦或氫的條件下，用電阻加熱高純碳，使之蒸發成為氣態的電阻加熱法；利用高純石墨電極進行直流或交流電弧放電，使之蒸發的電弧法；在氬氣中用雷射照射旋轉的高純石墨盤，使碳蒸發的雷射照射法；以及嚴格控制苯等碳氫化合物和氧氣，使之不完全燃燒的燃燒法（亦稱火焰合成法）等。

　　直流電弧法技術較簡單，但只能間歇生產，產能有限，而且消耗大量電能和高價的高純石墨材料，富勒烯的製備成本較高，價格比黃金還昂貴。燃燒法可用比較廉價的含碳材料大量生產富勒烯，但其工藝和裝置相當複雜，技術難度大。

　　用純石墨做電極，在氦氣氛中放電，電弧中產生的煙炱沉積在水冷反應器的內壁上，這種煙炱中存在著 C_{60}、C_{70} 等碳原子簇的混合物。用萃取法從煙炱中分離提純富勒烯，再用液相色譜分離法對提取液進行分離，蒸發掉溶劑就能得到深紅色的 C_{60} 微晶。

最細的、可以導電的管子 ── 碳奈米管

　　1991 年日本 NEC 公司的飯島（Iijima）在高分辨透射電子顯微鏡下檢驗石墨電弧裝置中產生的球狀碳分子時，意外發現了由管狀的同軸奈米管組成的碳分子，這就是碳奈米管（Carbon Nanotube，CN，圖 4.7）。

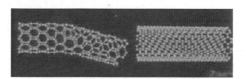

圖 4.7 碳奈米管

石墨烯　　　　碳奈米管

圖 4.8 石墨烯可以捲出碳奈米管

　　碳奈米管是由單層或多層石墨片圍繞中心軸按一定的螺旋角捲繞而成的無縫、中空的「微管」，每層都是由一個碳原子透過 sp^2 混成與周圍 3 個碳原子完全鍵合後所構成的六邊形組成的圓柱面。圖 4.8 是單層石墨烯與碳奈米管的關係。

　　根據形成條件的不同，碳奈米管存在單壁碳奈米管（Single-walled Nanotubes，SWNTs）和多壁碳奈米管（Multiwalled Nanotubes，MWNTs）

設想從石墨上撕下一定寬度的「帶子」，就像捲紙筒那樣將其捲曲，人類迄今為止見過的最細的管子 —— 碳奈米管就做成了！這說起來容易，做起來十分困難，以至於目前還無法實現，因為剪開石墨烯要破壞很多強的化學鍵。

MWNTs 一般由幾層到幾十層石墨片同軸捲繞構成，層間間距為 0.34nm 左右，其典型的直徑和長度分別為 2 ～ 30nm 和 0.1 ～ 50μm。在開始形成的時候，層與層之間很容易成為陷阱中心而捕獲各種缺陷，因而多壁管的管壁上通常布滿小洞樣的缺陷。與多壁管相比，SWNTs 由單層石墨片同軸捲繞構成，兩端由碳原子的五邊形封頂。管徑一般 10 ～ 20nm，長度一般可達數十微米，甚至長達 20cm。其直徑大小的分布範圍小，缺陷少，具有更高的均勻一致性。

由於碳奈米管中碳原子採取 sp^2 混成，相比 sp^3 混成，sp^2 混成中 s 軌道成分比較大，結合更穩定，使碳奈米管具有高模量、高強度。碳奈米管中碳原子間距短、單層碳奈米管的管徑小，使得結構中的缺陷不易存在，單層碳奈米管的楊氏模量據猜想可高達 5TPa，因此，碳奈米管被認為是強化相的終極形式，人們猜想碳奈米管在複合材料中的應用前景將十分廣闊。莫斯科大學的研究人員曾將碳奈米管置於 101GPa 的水壓下（相當於水下 18,000m 深的壓強），由於強大的壓力，碳奈米管被壓扁。撤去壓力後，碳奈米管像彈簧一樣立即恢復了形狀，表現出良好的韌性。這啟發人們可以利用碳奈米管製造輕薄的彈簧，用在汽車、火車上作為減震裝置。

碳奈米管的硬度與金剛石相當，卻擁有良好的柔韌性，可以拉伸。目前在工業上常用的增強型纖維中，決定強度的一個關鍵因素是長徑比，即長度和直徑之比。目前材料工程師希望得到的長徑比至少是 20：

1，而碳奈米管的長徑比一般在 1,000：1 以上，是理想的高強度纖維材料。2000 年 10 月，美國的研究人員稱，碳奈米管的強度比同體積鋼的強度高 100 倍，質量卻只有後者的 6 分之 1 到 7 分之 1。碳奈米管因而被稱為「超級纖維」，甚至可以做成從地球通往月亮的「超級梯子」。要知道用現有的所有材料做這麼長的梯子是不可能的，因為其自身質量足以將其拉斷。此外，碳奈米管的熔點是目前已知材料中最高的。

　　碳奈米管的性質與其結構密切相關。由於碳奈米管的結構與石墨的片層結構相同，碳原子的 p 電子形成大範圍的離域 π 鍵，共軛效應顯著，碳奈米管具有一些特殊的電學性質，所以具有很好的電學效能。理論預測其導電效能取決於其管徑和管壁的螺旋角。在特定的角度，碳奈米管表現出良好的導電性，電導率通常可達銅的 1 萬倍。

　　碳奈米管有著較高的熱導率，具有良好的熱學效能。一維管具有非常大的長徑比，因而大量熱是沿著長度方向傳遞的，透過合適的取向，碳奈米管可以合成高各向異性的熱傳導材料。只要在複合材料中摻雜微量的碳奈米管，該複合材料的熱導率將可能得到很大的改善。

　　碳奈米管還具有光學和儲氫等其他良好的效能。碳奈米管的中空結構，以及較石墨（0.335nm）略大的層間距（0.343nm），使其具有更加優良的儲氫效能，這也成為科學家們關注的焦點。初步研究結果顯示，儲存的氫氣密度甚至比液態或固態氫氣的密度還高。適當加熱，氫氣就可以慢慢釋放出來。碳奈米管儲氫是具有很大發展潛力的應用領域之一，室溫常壓下，約 3 分之 2 的氫能從碳奈米管中釋放出來，而且可被反覆使用。碳奈米管儲氫材料在燃料電池系統中用於氫氣儲存，對電動汽車的發展具有非常重要的意義，可取代現用高壓氫氣罐，提高電動汽車安全性。

此外，碳奈米管還可以用來儲存甲烷等其他氣體。

由於碳奈米管具有優良的電學和力學效能，被認為是複合材料的理想新增相。碳奈米管作為加強相和導電相，在奈米複合材料領域有著龐大的應用潛力。

碳奈米管電容器具有非常好的放電效能，能在幾毫秒的時間內將所儲存的能量全部放出，這一優越效能已在混合電力汽車中開始實驗使用。由於可在瞬間釋放強大電流，為汽車瞬間加速提供能量，同時也可用於風力發電系統穩定電壓和小型太陽能發電系統的能量儲存，鋰離子電池已經是碳奈米管應用研究領域之一。

在碳奈米管的內部可以填充金屬、氧化物等物質，這樣碳奈米管就可以作為模具，首先用金屬等物質灌滿碳奈米管，再把碳層腐蝕掉，就可以製備出最細的奈米尺度的導線，或者全新的一維材料，在未來的分子電子學裝置或奈米電子學裝置中得到應用。有些碳奈米管本身還可以作為奈米尺度的導線。這樣利用碳奈米管或者相關技術製備的微型導線可以置於矽晶片上，用來生產更加複雜的電路。

碳奈米管還為物理學家提供了研究毛細現象機理最細的毛細管，為化學家提供了進行奈米化學反應最細的試管。碳奈米管上極小的微粒可以引起碳奈米管在電流中的擺動頻率發生變化，利用這一點，研製出了能秤量單個原子的「奈米秤」。

碳奈米管場效應電晶體的研製成功有力地證實了碳奈米管作為矽晶片繼承者的可行性。在科學家再也無法透過縮小矽晶片的尺寸來提高晶片速度的情況下，奈米管的作用將更為突出。

目前對碳奈米管電子裝置的研究主要集中在場發射管（電子槍），其主要可應用於場發射平板顯示器（FED）、螢光燈、氣體放電管和微波發

生器。碳奈米管平板顯示器是最具應用潛力和商業價值的領域之一。

　　碳奈米管由於尺寸小，比表面積大，表面的鍵態和顆粒內部不同，表面原子配位不全等導致表面的活性位置增加，是理想的催化劑載體材料。

　　碳奈米管對生物分子活性中心的電子傳遞具有促進作用，能夠提高酶分子的相對活性。與其他電極相比，碳奈米管電極由於其獨特的電子特性和表面微結構，可以大大提高電子的傳遞速度，表現出優良的電化學效能。將多壁碳奈米管和聚丙烯胺層層自組裝製得的葡萄糖生物感測器，靈敏度高，抗干擾能力強。

　　利用碳奈米管的性質可以製作出很多效能優異的複合材料。例如用碳奈米管材料增強的塑膠，力學效能優良、導電性好、耐腐蝕，能封鎖無線電波。使用水泥做基體的碳奈米管複合材料，耐衝擊性好、防靜電、耐磨損、穩定性高，不易對環境造成影響。碳奈米管增強陶瓷複合材料，強度高，抗衝擊效能好。碳奈米管上由於存在五元環的缺陷，增強了反應活性，在高溫和其他物質存在的條件下，碳奈米管容易在端面處開啟，形成一個管子，極易被金屬浸潤並和金屬形成金屬基複合材料。這樣的材料強度高、模量高、耐高溫、熱膨脹係數小、抵抗熱變效能強。

　　目前常用的碳奈米管製備方法主要有：電弧放電法、雷射燒蝕法、化學氣相沉積法（碳氫氣體熱解法）、固相熱解法、輝光放電法和氣體燃燒法，以及聚合反應合成法等。

　　電弧放電法的具體過程是：將石墨電極置於充滿氦氣或氫氣的反應容器中，在兩極之間激發出電弧，此時溫度可以達到 4,000℃ 左右。在這種條件下，石墨會蒸發，生成的產物有富勒烯（C_{60}）、無定型碳和單壁

或多壁的碳奈米管。透過控制催化劑和容器中的氫氣含量，可以調節幾種產物的相對產量。這種方法是在 800 ～ 1,200K 的條件下，讓氣態烴透過附著有催化劑微粒的模板，由此，氣態烴可以分解生成碳奈米管。目前這種方法的主要研究方向是希望透過控制模板上催化劑的排列方式來控制生成的碳奈米管的結構。

除此之外還有固相熱解法等方法。固相熱解法是常規含碳亞穩固體在高溫下熱解生長碳奈米管的新方法，這種方法的過程比較穩定，不需要催化劑，並且是原位生長，但受到原料的限制，生產不能規模化和連續化。另外還有離子或雷射濺射法。此類方法雖易於連續生產，但由於裝置的原因限制了它的規模。

最薄的材料石墨烯

石墨的層與層之間弱的分子間力意味著可以剝離，儘管早就這樣想過，但真正實現卻是很難的。直到 2004 年，曼徹斯特大學物理和天文學院的安德烈·蓋姆（Andre Geim）和康斯坦丁·諾沃肖洛夫（Konstantin Novoselov）兩位教授，應用特殊的膠帶黏在石墨上剝離出一個石墨單層，這就是石墨烯 —— 這是當今最薄的人工合成材料，也是同等厚度材料中強度最大的。兩位教授因發現石墨烯而獲得 2010 年諾貝爾物理學獎，獲獎理由為「二維空間材料石墨烯方面的開創性實驗」。這可是用膠帶黏出來的諾貝爾獎！

石墨烯即為「單層石墨片」，是構成石墨的基本結構單元，是真正意義上的二維晶體結構。從效能上來看，石墨烯具有可與碳奈米管相媲美或更優異的特性，所以網路上一度出現很多溢美之詞：「鉛筆＋膠帶＝桌面超級對撞機＋後矽谷時代處理器」（pencil ＋ sticky tape ＝ desktop supercollider ＋ post-silicon processors），「製造未來的原料」（Material of the Future），「電子的高速公路」（Electron superhighway）。

雖然人們早就知道石墨是由石墨烯透過比化學鍵弱得多的分子間力結合而成，破壞這種結合，只需要物理作用，但是由於「石墨烯分子」極大，相互之間的分子間吸引力也不可小覷，要想剝離出單層石墨烯絕非易事，必須找到黏合力超過其分子間力的特殊膠帶。這種膠帶可能早就出現了，但使用者、擁有者不是別人，可能就是我們自己，卻不知道把它們用在剝離單層石墨上，因為可能對石墨的結構不了解，要不諾貝爾獎就輪不到上述兩位物理學家了。

石墨烯與碳奈米管有著類似的前生，卻很可能擁有不一樣的未來。以碳奈米管為例，單根碳奈米管可被視作一根具有高長徑比的單晶，但目前的合成和組裝技術還無法獲得具有宏觀尺寸的碳奈米管晶體，從而限制了碳奈米管的應用。石墨烯的優勢在於本身即為二維晶體結構，具有幾項破紀錄的效能（強度、導電、導熱），可實現大面積連續生長，將「自下而上」（bottom-up）和「自上而下」（top-down）結合起來，未來應用前景光明。

4.5
新型碳材料

碳纖維

碳纖維是一種纖維狀碳材料，它的強度比鋼大，密度比鋁小，比不鏽鋼還耐腐蝕、比耐熱鋼還耐高溫，又能像銅那樣導電，是具有許多寶

貴的電學、熱學和力學效能的新型材料。碳纖維是由有機纖維經碳化及石墨化處理而得到的微晶石墨材料。從碳纖維和石墨的結構看，碳纖維的微觀結構類似石墨，可以將石墨單層按照碳纖維的「規格」剪裁下來，也可以看做將石墨烯胡亂撕開，又隨便疊在一起，不就做出碳纖維嗎？這麼好的方法為什麼現在還不用？原因就是石墨內碳原子由特殊的共價鍵結合，就像「製造碳奈米管」那樣打斷它們絕非易事，目前還無法做到，還得在特殊工廠生產，參見圖 4.9。

圖 4.9 碳纖維生產工廠

這種材料在當今的生活中得到了廣泛的應用，碳纖維可加工成織物、氈、席、帶、紙及其他材料。傳統碳纖維除用作絕熱保溫材料外，一般不單獨使用。碳纖維多作為增強材料，加入到樹脂、金屬、陶瓷、混凝土等材料中，構成複合材料。碳纖維增強的複合材料可用作飛機結構材料、腳踏車、人工韌帶等身體代用材料以及用於製造火箭外殼、機動船、工業機器人、汽車板簧和驅動軸等。

由於原料、模量、強度和最後的熱處理溫度不同，產生了特性不同的碳纖維，硬而脆的常用於碳纖維製的磁碟，能提高電腦的儲存量和運算速度；用碳纖維增強塑膠來製造衛星和火箭等宇宙飛行器，質量小，可節約大量的燃料。在 1999 年發生在科索沃的戰爭中，北約使用石墨炸彈破壞了南斯拉夫聯邦共和國大部分電力供應，其原理就是產生了涵蓋大範圍地區的碳纖維雲，這些導電性纖維使供電系統短路。同時，碳纖維發熱產品、碳纖維暖氣產品、碳纖維遠紅外線理療產品也越來越多地走入尋常百姓家庭。

按製取原料的來源不同，碳纖維主要分為兩類：人造纖維和合成纖維。而目前只有黏膠（纖維素）基纖維、瀝青纖維和聚丙烯腈（PAN）纖維三種原料製備碳纖維工藝實現了工業化。

黏膠（纖維素）基碳纖維

用黏膠基碳纖維增強的耐燒蝕材料，可以製造火箭、飛彈和太空梭的鼻錐及頭部的大面積燒蝕封鎖材料、固體引擎噴管等，是解決太空和飛彈技術的關鍵材料。黏膠基碳纖維還可做飛機煞車片、汽車煞車片、放射性同位素能源盒，也可增強樹脂做耐腐蝕幫浦體、葉片、管道、容器、催化劑骨架材料、導電線材及面狀發熱體、密封材料以及醫用吸附材料等。

瀝青基碳纖維

目前，熔紡瀝青多用煤焦油瀝青、石油瀝青或合成瀝青。1970 年—1975年日本、美國等公司開始生產高效能中間相瀝青基碳纖維「Thornel-P」。

聚丙烯腈基碳纖維

PAN 基碳纖維的炭化收率比黏膠纖維高，可達 45％以上，而且因為生產流程、溶劑回收、三廢處理等方面都比黏膠纖維簡單，成本低，原料來源豐富，加上聚丙烯腈基碳纖維的力學效能，尤其是抗拉強度、抗拉模量等均為三種碳纖維之首，所以是目前應用領域最廣，產量也是最大的一種碳纖維。

碳纖維是含碳量高於 90％的無機高分子纖維。其中，含碳量高於99％的稱為石墨纖維。碳纖維的比熱及導電性介於非金屬和金屬之間，

熱膨脹係數小，耐腐蝕性好，纖維的密度低，X 射線通過性好，但其耐衝擊性較差，容易損傷，在強酸作用下發生氧化，與金屬複合時會發生金屬碳化、滲碳及電化學腐蝕現象。因此，碳纖維在使用前須進行表面處理。最後形成的複合材料軟而柔順，常用於紡織。

複合材料

碳／碳複合材料，為碳纖維強化碳基材複合材料的簡稱。1958 年在某航空公司實驗室測定碳纖維在某種有機基體複合材料中的含量時，發現有機基體沒有被氧化，反而被熱解，得到了一種新型碳基體，象徵著碳／碳複合材料的誕生。

與碳纖維相似，碳／碳複合材料也具有密度低、強度高、比模高、燒蝕率低、抗熱震性高、熱膨脹係數低、吸溼膨脹為零、抗疲勞效能良好、對宇宙輻射不敏感及在核輻射下強度增加等效能，尤其是碳／碳複合材料強度隨溫度的升高不降反升的獨特效能，使其作為高效能引擎熱端部件和使用於高超音波速飛行器熱防護系統具有其他材料難以比擬的優勢。

碳／碳複合材料可以從多種碳源採用多種方法獲得，有透過合成樹脂或瀝青經碳化和石墨化而得的樹脂碳和由烴類氣體的氣相沉積而得的熱解碳。

碳／碳複合材料的應用包括：在航空太空方面應用於製造固體火箭或大型噴氣式飛機引擎噴管的耐燒蝕防熱材料，在汽車工業方面可以製成各種零部件，可以大大地減少汽車的質量，在醫學方面可做人工骨以及人工心臟輔助物等。

4.6
結束語 ....

　　碳之所以會有如此強大的形成各種不同性質的化合物的能力，是因為它特殊的原子結構。

　　其他元素的原子則不同，如相鄰的硼，核對電子吸引較小，易與其他原子共用，形成多中心鍵，例如，最小的硼單質 B12 就是典型的代表。

　　B12 是一種正十二面體的籠狀結構（圖 4.10），但與碳原子不同，硼原子外層只有三個價電子，限制了它們形成更豐富的化學鍵，特別是 π 鍵。因此，像 C60、奈米碳管那樣的結構特別難以形成，直到 2014 年一些科學家合作研究發現，化學元素週期表中與碳相鄰的硼元素可以形成類似富勒烯的球型結構。他們發現了由 40 個硼原子組成的硼球烯（圖 4.11）。硼球烯的發現為開發硼的新材料提供了重要線索。硼球烯材料有可能在能源、環境、光電材料和藥物化學等方面具有應用前景。

　　透過原子結構理論的研究，科學家們或許已經找到了無矽生物圈存在的原因，那就是矽原子比碳原子多一個電子層，外層四個價電子受到的排斥力大於吸引力，打破了像碳原子那樣的微妙平衡，影響了外層電子軌道特徵、成鍵特徵，使得價電子遠離原子核，軌道變大，削弱了矽原子直接形成化學鍵的能力，同時大的軌道也難以與小的氫原子結合。要達到平衡需要引入吸引力更強和更大的原子如氧位於它們中間，以減小排斥力，故岩石圈的矽周圍都是氧，形成氧－矽－氧結構（圖4.12）。

圖 4.10 單質硼
B12 的結構

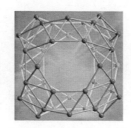

圖 4.11 硼球烯（B40）
分子結構圖

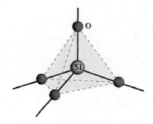

圖 4.12 氧－矽－氧結構

由此看來，特殊的原子結構決定了化學元素的神奇性。

宇宙之大，任何未知的奧祕都值得我們終其一生去探索發現，茫茫宇宙創造了我們的同時，是否也創造了其他的地外生命，沒有碳的世界能否比我們如今的世界更加豐富多彩，這一切的一切都是需要用你的好奇之心去解開謎底。

同學們，努力吧！奇幻的化學世界等著你去開採！

05

分子機器
Molecular Machines

人類的控制慾永不滿足,從原始社會的鑿製石器開始,我們學會掌控越來越多的工具改變自己的生活。現在,大到開山填海的巨型裝置,小到肉眼看不見的分子神器,讓一切有目的地發生,讓一切又有計畫地發展;一切盡在掌控,無論是穿梭在天地萬物間,還是蛇行在人體的血管內。

化工製造業中越來越清晰的一場革命
An Increasingly Clear Revolution in the Chemical Manufacturing Industry

化學家們已經為化工製造業提供了一種截然不同的製造方法：從分子水平出發構造各種功能裝置，再由這些小型裝置出發，建構更大、更複雜的機器。分子裝置由此定義，而由它們組裝起來的分子元件有著特定的功能，甚至可以製造出分子機器。這樣的機器的特點包括小尺寸、多樣性、自組裝、準確高效、分子柔性、自適應等，能依靠化學能、光能、熱能進行驅動，或依靠分子調劑等，這是人造機器難以比擬的。這樣的研究已經不是基礎性的，更重要的是，它將帶來傳統製造業的顛覆性革命！

5.1
未來的機器——微型化的方向

在資訊技術與微電子技術迅速發展的當今社會，人們對與電腦相關的電子產品都已不陌生，比如行動硬碟，顧名思義是以硬碟為儲存裝置，可與電腦之間交換大容量資料，重在強調便攜性的儲存產品，它具有容量大、傳輸速率高、使用方便、可靠性高等諸多優點。很多人都有透過電腦從網際網路上下載網路資源（影片、音訊、應用軟體、遊戲、電子書等），再儲存到自己的行動硬碟中的經歷。但在這個過程中很少有人去思考這些軟體是如何被儲存到行動硬碟中去的。我們從網際網路下載到自己的行動硬碟裡的軟體究竟是什麼樣的？

這一切都應歸因於硬碟的結構及其工作原理。現在的硬碟，無論是整合磁碟電子介面還是小型電腦系統介面硬碟，採用的都是「溫徹斯特」

技術，都具有以下的特點：（1）磁頭、碟片及運動機構密封。（2）固定並高速旋轉的鍍磁碟片表面平整光滑。（3）磁頭沿碟片徑向移動。（4）磁頭對碟片接觸式啟停，但工作時呈飛行狀態，不與碟片直接接觸。

　　磁碟碟片是將磁粉附著在鋁合金（新材料也有用玻璃的）圓碟片的表面上，這些磁粉被劃分成稱為磁軌的若干個同心圓，在每個同心圓的磁軌上就好像有無數任意排列的小磁鐵，它們的 N、S 磁極指向分別代表著 0 和 1 的狀態。當這些小磁鐵受到來自磁頭的磁力影響時，其排列的方向會隨之改變，如 N 極朝上為 1，S 極朝上則為 0。利用磁頭的磁力控制指定的一些小磁鐵方向，使每個小磁鐵都可以用來儲存資訊。

　　現在我們明白了：從網際網路上下載的各類軟體，並不是一些看得見、摸得著、現實存在的物質，而是接收了一些由 0 和 1 組成的數位訊號。這些數位訊號作用於磁頭，對硬碟裡碟片上的磁性物質產生作用，從而驅使磁性物質的排列方式發生改變。這些磁性物質新的排列特徵（或者說是磁訊號）展現的就是下載軟體所具有的數位訊號。

　　透過以上這個例子，我們對「軟體並不是一種現實存在的物質」有了更深刻的認識。但是，隨著科學技術，特別是化學化工類科學技術的迅速發展，有的科學家提出了「物質將成為軟體」。意思是我們將不僅能夠利用網際網路下載軟體，還能下載硬體。如果電腦的組成（即「硬體」）的規模不超過分子團的體積，就可以透過下載資訊，重新安排預存於磁碟上的無序分子，使其組裝成具有儲存、運算等特定功能的分子團，進而來製造分子電腦。

　　當前，研究人員已經致力於研製體積僅有針頭大小的電腦，其各個部件比我們現今用在磁碟驅動器上裝載資訊的有形結構要小得多，但仍具備同樣的功能。因此，相信在將來的某一天，我們將能夠像今天下載

軟體一樣直接從網路中下載硬體。新的磁碟驅動將以有形的方式下載、儲存與複製硬體。

　　一種設想是用極為尖細的點束製造一種讀寫磁頭，以某種方式刺激原子和分子，使原子和分子按照我們設想的方式進行排列和組合，組裝成新的分子單元，而使這些分子單元具備特定的功能。這裡提到的體積微小的電腦，應該同樣具有普通電腦所具有的部件和功能，即能夠接收指令、處理資料、儲存資料、輸出指令等等。唯一區別是它的每一個部件都是一個個特殊的分子或分子組合體的微型裝置，能夠完成某一特定的功能。

　　未來的微型化不僅使電腦的尺寸減小、效能提高，而且有望成為一種引起醫藥革命、能源革命的新材料，以及解決環境汙染等問題的新途徑。這些都將充分擴展微型裝置與機器的研究領域。

5.2
分子的「革命」──什麼是分子裝置和分子機器？ …

　　可以說，20 世紀人類最重大的成就之一就是卓有成效地使用各種方法從大塊物質出發而製造出了越來越微型化的裝置。這種所謂「由上至下」（top-down）的思路在電子工業中展現得尤為明顯。然而，傳統機械加工技術限制了「微型化」的繼續發展，無法生產出更小的產品。例如，電腦積體電路的電路線寬度的加工極限，由 1985 年的 0.5mm，2000 年的 0.2mm，到目前的小於 1μm。這幾乎已經走到了機械加工的極限，要想再進一步縮小裝置的尺寸，就必須另闢蹊徑。

　　以超分子化學和分子電子學等學科為代表的具有奈米尺寸的分子裝置和分子機器的設計與合成，無疑為此提供了一條極具潛力的解決之道。

現在已經提出了以分子裝置為基礎的分子電腦甚至是量子電腦的概念。與普通的電腦系統相比，由分子裝置構成的系統除了上述的尺寸優勢之外，還可以減少電子在不同部件之間的傳導時間，從而大大地提高機器的運算速度。

從目前的研究進展來看，凡是無機半導體所具有的功能幾乎都能在分子水平上找到相應的裝置。比如分子整流器（molecularrectifiers）、分子電晶體（moleculartransistors）、分子開關（molecularswitches）、分子二極體（moleculardiodes）等。由分子材料代替半導體材料、由分子工程代替電子工程已是大勢所趨。因此，如何在分子水平上生產電子裝置，適應電腦科學的進一步發展，已成為當今許多學科進行研究開發的重大課題。

另外，化學家們為製造行業提供了另一種截然不同的思路，即所謂的「由下至上」（bottom-up）的製造方法：從分子水平出發構造各種功能裝置，也就是說把裝置的概念擴展到分子水平上。再由這些小型裝置出發，建構更大、更複雜的機器，從而完成「由下至上」這種製造的過程。

裝置是為了一個特定的目的而發明並組裝出來的物件，而機器，無論是簡單的還是複雜的，都是利用、轉換、施加或傳輸能量的機械裝置的組合。通常來講，裝置和機器將一個開關、一個加熱器和一個風扇透過電線組裝在一個合適的框架中，可以製造出一個吹風機。開關、加熱器、風扇等元裝置組裝在一起形成的吹風機可以用來吹乾各種潮溼物體，展現了更為複雜和有用的功能。我們可以將這種宏觀裝置和機器的概念擴展到是設計出來用以實現某一特定功能的、元件的組裝體。組裝體的每一個元件都有特定的功能，而整個組裝體作為一個特定的裝置或

機器則有著更為複雜和有用的功能。例如，開關、加熱器和風扇分別具有控制電路接通與斷開、加熱空氣和吹風等特定的功能。

分子水平的裝置（分子裝置，molecular device）可以被定義為由許多分子元件（比如超分子結構）組裝起來用以實現某一特定功能的組裝體。每個分子元件有其特定的功能，而整個超分子組裝體由於各個分子元件的合作則表現出一個更為複雜的功能，各個分子元件的相對位置可以因某些外界刺激而改變。

分子水平的機器（分子機器，molecularmachine）則是指由分子尺度的物質構成、能行使某種加工功能的機器。因其尺寸多為奈米級，又稱奈米機器。分子機器具有小尺寸、多樣性、自指導、有機組成、自組裝、準確高效、分子柔性、自適應、僅依靠化學能、光能或熱能進行驅動等其他人造機器難以比擬的特點。

5.3
緣起分子車輪──分子裝置和分子機器的研究歷史 ⋯⋯

分子機器這一科學概念的提出要追溯到 1959 年。那一年，美國著名物理學家理查·費曼在美國物理學會進行了一次題目為「底下還大有可為」（There's Plenty of Room at the Bottom）的演講。他認為基於分子而構造出的可控機器將會大有作為。這一設想初步實現是在 1980 年代初。而到了 1980 年代以後，各種傑出的科技成果不斷湧現，如掃描探針顯微鏡的發明、超分子化學的飛速發展，以及對生物體系中各種微觀功能裝置工作機理的揭示等。這些都為人們進一步製造可控分子裝置和分子機器提供了強大的推動力。

● 理查・費曼（Richard P. Feynman，1918 年─1988 年）

美國物理學家，1965 年諾貝爾物理獎得主。提出了費曼圖、費曼規則和重整化的計算方法，這些是研究量子電動力學和粒子物理學的重要工具。其於 1959 年所做的題為「底下還大有可為」的演講被視作「分子裝置與分子機器」研究領域的奠基石。

從 1990 年代起，法國圖盧茲材料設計和結構研究中心就已著手研製分子機器。1998 年成功合成了平面分子車輪，2005 年首次研製出分子引擎；而 2007 年研製出了第一個真正意義上的分子裝置 —— 分子輪（圖 5.1）。

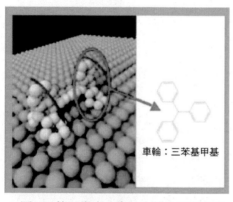

圖 5.1 第一臺真正意義上的分子裝置
—— 分子輪

在分子和原子層面，宏觀世界裡的運動定律不再成立。因此，「輪子」的選擇非常重要，既要與銅基之間有一定的作用力，同時這個作用力又不能太強。三苯基甲基是一個非常巧妙的選擇，所以此處作了強調。

這個非常奇特的分子包括兩個直徑為 0.7nm 的車輪，它們是由三苯基甲基組成的，被固定在長為 0.6nm 的碳鏈軸上。所有分子機器的化學結構均被固定在超潔淨的銅表面上，該銅基有著天然的粗糙度，選擇兩個有凹口的非輪胎狀的車輪是為了使其與基底材料之間有著恰到好處的黏著力，既克服了車輪分子的隨機運動，又避免了由於電磁的相互作用之間有著約為 0.3nm 的間隙，相當於一個銅原子的直徑大小。用特殊的方法將該分子輪置於銅基表面之後，在極低的溫度下使用掃描隧道顯微

鏡（STM）觀測到該分子確實附著在銅原子層表面，並位於預設的方向上。STM 的尖端作用於其中一個輪而使其轉動。隨著 STM 尖端的移動，顯微鏡就像手指一樣觸發車輪轉動。STM 操作者在轉動車輪時，透過控制螢幕對通過車輪的電流變化進行了即時追蹤。根據分子的操作條件，操作者可以在分子前進的過程中交替轉動兩側的車輪，還可以不透過車輪的轉動使整個分子前進。

該技術為在單分子層面研究宏觀世界中已為人熟知的運動提供了一種有效的方法。在宏觀世界中，輪子在很多場合發揮著非常重要的作用，如車輛安裝輪子後，在運動時產生的摩擦力將大大降低。在微觀世界裡，有些適合宏觀世界的理論和結果幾乎同樣成立。例如，在分子層面，分子輪與基面之間只存在弱的相互作用，而分子輪內部的原子則是透過鍵能很大的共價鍵結合在一起的。若基面與分子輪的相互作用強度也達到共價鍵水平，則會導致輪子內部共價鍵被破壞，從而使整個分子被破壞。

研究人員確信，分子輪將在複雜的奈米機器如分子卡車和分子奈米機器人等領域占有重要位置，可用於在人體細胞內清除病灶、充當藥物輸運的人造載體及形成分子閥門等。這些研究成果開啟了建立分子機器的大門！相信有一天，人們會將一臺分子機器裝上一輛具有四個輪子和引擎的奈米車中，輸送到一個微觀世界中，去完成一項現在還難以想像的工作。

● 超分子化學和超分子化合物

超分子化學是「研究分子組裝和分子間次級鍵的化學」，這裡的「鍵」通常是指除嚴格共價鍵以外所有的結合類型。它是由超分子化學的先行者之一、1987 年諾貝爾化學獎得主尚 - 馬里‧萊恩（Jean-Marie Lehn）提出的。超分子化合物是指由幾種擁有獨立化學性質的組成部分透過非共價相互作用形成的、具有一定功能的整體組織。

5.4
家族的擴張——形形色色的分子裝置和分子機器 ········

　　一個分子機器可以只包括一個分子，也可以是一些分子依靠非共價鍵作用力而組合在一起的超分子體系。這樣的分子機器應當在外界輸入一定能量時發生類似於機器一樣的運動，或者說，該分子或者超分子體系的各部分之間應該產生相對運動，而且這樣的運動必須有較大的幅度，否則將難以為人們所監控和辨識。如此看來，許多化學過程對於構造分子機器都將會是有用的，如異構作用、氧化還原過程、配體的配位與解離，還有氫鍵的形成和破壞等等。與宏觀的裝置和機器一樣，分子機器同樣需要能量才能進行運轉，因此根據驅動能量種類的不同，分子裝置和分子機器也有很多不同的種類。

分子剪刀

　　光在分子裝置和分子機器領域中發揮著非常重要的作用，原因在於大多數分子裝置和分子機器是靠光誘導的過程來提供能量的；光可以「讀取」體系狀態，從而監視和控制分子機器的運轉。光激發的實質是分子基態與激發態之間發生了電子轉移，同時伴隨著分子構型的改變。

　　光激發最典型的方法是利用偶氮苯的光致順反異構性質來完成的。偶氮苯在紫外光的照射下呈現順式結構，而在可見光的照射下則呈現反式結構，相互之間轉化反應如圖 5.2 所示。利用偶氮苯的這一光致異構性質可以設計和開發許多具有特殊功能的分子裝置和分子機器。

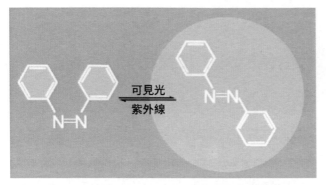

可見光

紫外線

圖 5.2 偶氮苯的順式與反式之間的轉化反應

這是一個有名的光碟機動分子異構化的例子，化學家們巧妙地利用了該分子的這一特點，將其用於分子裝置中。

2007 年，日本東京大學教授金原數等人就利用這一特性創造出了世界上最小的剪鉗：分子剪鉗。

這把剪鉗僅長 3nm，是紫色光波長的 100 分之 1。但它卻像真正的剪鉗一樣，也是由搖桿、樞軸和刀片組成。其中搖桿是由含苯基的基團組成，透過偶氮苯連接在一起；樞軸由二茂鐵構成，二茂鐵是一個具有「三明治結構」的分子，中心金屬鐵與兩個環戊二烯透過配位鍵相結合，兩個環戊二烯基團能繞著鐵原子自由旋轉；刀片部分則是由鋅卟啉配合物所組成的。操作這把剪鉗的「手」就是光，當可見光照在該剪鉗的搖桿上以後，偶氮苯呈現反式構象，從而將搖桿打開，透過樞軸的聯動，將刀片合上；而當紫外光照射在搖桿上時，偶氮苯則呈現順式構象，從而將搖桿關閉，透過樞軸的聯動，將刀片打開。這把剪鉗的作用是透過鉗夾其他分子，達到操控分子的目的。而能夠完成這樣的任務就靠組成剪鉗刀片的鋅卟啉配合物，利用中心金屬鋅與客體分子的配位作用等弱相互作用，就可以鉗夾其他分子。研究者認為，當剪鉗可以像鉗子一樣

牢牢地抓住分子、操控分子，也就是說能來回扭曲分子時，就有可能用於調控基因、蛋白質和人體內的其他分子。這是首個能透過光來操作其他分子的分子機器，這樣的工作原理對於未來分子機器人（奈米機器人）的發展有著重要的作用，這種能夠鉗夾分子的分子剪鉗很有可能會成為分子機器人的工作臂。

　　長期以來，科學家一直希望能夠研製出奈米尺度的超微型機器，諸如奈米機器人，儘管目前它還只能在科幻小說中呈現，但在化學家眼中，已經初見它的雛形。

分子導線與分子開關

　　電子線路中最簡單的元件是導線。例如，在宏觀電子領域中，利用直徑為 $10^{-2} \sim 10^{-1}$m 的金屬導線可將電輸送到工廠和房間裡；用直徑為 10^{-3}m 的導線可以連接電視機及其他電子裝置中的一系列子單元；用直徑為 10^{-5}m 的導線可以連接電腦邏輯電路中的電晶體。如果將導線直徑進一步縮小至 10^{-7}m 以下即進入了奈米分子世界。這無論在理論上還是在加工上都面臨龐大的障礙，因為電子裝置的尺寸不可能無限制地縮小。因此，如何克服電子裝置的物理極限，促使邏輯運算單元和儲存單元的進一步微型化成為微電子領域一個刻不容緩的問題。

　　在眾多扮演著電子元件功能的分子裝置中，分子導線（molecular wires）是最基本的裝置。它像普通導線一樣，允許電子由一個裝置流向另一個裝置，造成連接整個分子電子系統，使之形成完整迴路的作用（圖 5.3），所以它的研究已受到廣泛關注。

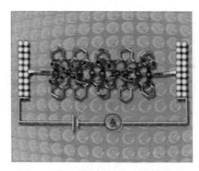

圖 5.3 分子導線的電子傳輸作用

將具有電子傳輸能力的分子接入到電路中，能夠形成電子的定向流動。該圖解釋了「分子導線」的概念，並說明其完成的功能和導線是完全一樣的。

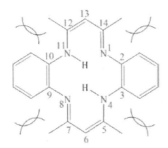

圖 5.4 四氮雜 [14] 環輪烯的大環非平面結構

這是一個大環配體，由此出發，建構的含大環的配位聚合物具有導電效能。此類工作的例子不多，具有一定的新意。

分子導線是由單分子或多分子構成的、能夠造成傳導作用的體系，其傳導的對象不僅包括電子，還包括光子和離子。

卟啉和酞菁類金屬配合物常被用來設計與製備分子導線，透過摻雜、引入混合價態金屬原子等方法可以得到導電效能介於半導體和導體之間的分子導線。四氮雜 [14] 環輪烯（結構如圖 5.4 所示）是卟啉和酞菁的類似化合物，具有許多與卟啉和酞菁相似或相近的性質，同時也具有其獨特性：中間的配位孔洞尺寸要小於卟啉與酞菁的；由於甲基和苯並環的相互作用，整個分子具有非平面的馬鞍狀結構，因此金屬進入孔洞後，軸向兩側的配位效能有所區別。另外，四氮雜 [14] 環輪烯與卟啉和酞菁相比較，具有較高的合成收率，作為卟啉和酞菁的替代化合物，在生物分子（尤其是酶）模擬、導電材料、催化劑、感應裝置等領域將發揮越來越重要的作用。

分子開關

對於分子開關，通常有兩種截然不同的表述。第一種是將分子開關描述為一種帶有分子導線的分子級裝置，它可以可逆地調節電子或電子的能量轉移的過程，並且對一些外界刺激做出響應。第二種則是將分子開關與二進位制的邏輯閘運算連結起來，可以表述為：凡透過外界刺激可以可逆地在兩種（或多種）不同狀態間發生轉化的任何分子體系都是分子開關。

透過合理地選擇分子的組成單元，同時恰當地排列它們，我們能夠設計出具有光致電子轉移的、分子級別的光電開關。

● 細胞中的能量

生物體內，三磷酸腺苷（ATP）水解失去一個磷酸根，即斷裂一個高能磷酸鍵，會產生二磷酸腺苷，並釋放出 7.3kCal 的能量（即為儲存在核苷磷酸鹽裡的化學能）。反之，二磷酸腺苷與磷酸根反應（吸收能量）會生成三磷酸腺苷。在細胞膜兩側存在電位梯度，即存在電位差，有電位差就會有電位能。正如水壩兩側的水，在高位的水，勢能要大於在低位的水。

1kCal ＝ 4,185.85J。

分子馬達

馬達對人類文明的發展有著不可磨滅的作用。我們日常生活中使用的機械裝置許多都是以旋轉馬達為基礎的。它是人類獲取能量最實際的形式之一，也可以引發機械部件的旋轉。但人造分子級旋轉馬達的設計和建造一直具有很大的挑戰性。

最重要也是被最廣泛研究的天然分子旋轉馬達是三磷酸腺苷合成酶。這種微型馬達以三磷酸腺苷酶為基礎，依靠為細胞內化學反應提供

能量的高能分子三磷酸腺苷為能源。細胞中的能量儲存在核苷的磷酸鹽和橫跨膜的電位梯度裡。分子馬達就是利用這兩個能源中的一個,但是ATP 合成酶有著特殊的性質,能夠同時利用這兩種能源。

化學家們對分子馬達的研究也獲得了許多有趣的結果,並獲得了較大的進展。1999 年,美國波士頓學院的 T. Ross Kelly 及其同事在 *Nature* 雜誌上報導了一例單向轉動的分子馬達。

該化合物是由一個三蝶烯組分和一個螺烴組分透過碳－碳單鍵連接在一起的。在這裡碳－碳單鍵就是分子馬達的轉動軸,三蝶烯則相當於旋轉葉片。在外加光氣和三乙胺的作用下,三蝶烯上的取代胺基反應成為異氰酸酯（1 → 2）。接下來,雖然三蝶烯向兩邊都可以轉動,但順時針的轉動可以驅使它靠近螺烴上的取代羥丙基（2 → 3）,而這又將會使它們反應成為氨基甲酸酯（3 → 4）,所以順時針的轉動實際上是更有利的。實驗結果也顯示,從光氣與三乙胺的加入到氨基甲酸酯生成的這一過程非常迅速。接著,三蝶烯還能繼續轉動,從而達到一個較為穩定的分子構象（4 → 5）,最後再加入還原劑使氨基甲酸酯斷裂（5 → 6）。這樣的分子馬達,其轉動並不是連續的（只轉了120°角）,也不是快速的（從 4 變到 5 花費了 6h 以上）,但至少它是單向的,使人們看到了製造單向轉動分子馬達的可行性。

分子車（奈米車）

美國萊斯大學的 James M. Tour 教授等人經過八年的研發,於 2006 年利用奈米技術製造出了世界上最小的汽車 —— 奈米車（圖 5.5）。和真正的汽車一樣,這種奈米車擁有能夠轉動的輪子。只是它們的體積如此之小,即使有兩萬輛奈米車並列行駛在一根頭髮上也不會發生交通堵塞。

圖 5.5 世界上最小汽車，
長僅 4nm

此圖是第一張奈米汽車的示意圖，來源於奈米車研究者、美國萊斯大學 James M. Tour 教授課題組網頁，雖然和我們現實的汽車差別很大，但它給出的細節對後來者還是有很多啟發。

　　整輛奈米車對角線的長度僅為 3 ～ 4nm，比單股的 DNA 稍寬，而一根頭髮絲的直徑大約是 80,000nm。車身雖小，但部件齊全。奈米車也擁有底盤、車軸等基本部件。其輪子是由圓形的富勒烯構成，這使得奈米車在外觀上看起來像啞鈴。它利用一種三合體作軸，連接每個輪子的軸都能獨立轉動，使得這種車能夠在凹凸不平的原子表面行進。以前也曾有人製造過奈米級的超微型「汽車」。但新問世的這輛「汽車」卻與其前輩們有著很大的不同：這輛奈米車首次利用了滾動前進的奈米結構物質，而此前的所謂奈米車只是透過滑動來前進。

　　Tour 教授曾說：「就是它了，不會再造出更小的分子運輸工具了，而且建造一個可以在平面上滾動的奈米工具已經不是什麼難題，但是，證明奈米物體可以旋轉滾動，而不是僅僅依靠滑行來移動，才是這個工程中最困難的一部分。因此，這項突破是近些年來在微型領域中最重要的一項成果。」這臺奈米車的體積十分小，這賦予了它一些特殊的性質，如不受摩擦力影響等，由於它的輪子是由結構緊密的單一分子 C60 構成的，所以很難分散成單獨的碳原子。

　　這輛奈米車 95% 的重量都是碳元素，此外還有一些氫原子和氧原子。整個製造過程大致與分子合成藥物的步驟相似，分成 20 步。由於合成步驟多，即使單步合成的收率較高，最終目標化合物的收率仍然很

低。所以合成此類分子車相當困難。

　　合成工作完成後,奈米車分子再被置於甲苯蒸氣中,放置於金片表面,在常溫下,奈米車的輪子與金片表面緊密結合,當把金片表面加熱到 200℃後,放置在上面的奈米車由於發生變性便開始運動,運動一旦開始,將不會自動停止,除非停止加熱。

分子大腦

　　分子裝置和分子機器的發展甚至能夠推進帳子大腦的誕生。此項研究中,日本科學家大有突破,他們設計出了世界上首臺大腦分子機器,它可以模仿大腦的工作原理。此發明能為同時控制許多分子機器提供了一種可能,不僅加快了電腦的執行能力,或許也會讓摩爾定律繼續有效。迄今為止,這種分子大腦的運算速度是普通電晶體電腦的 16 倍。但研究人員聲稱,這項發明的運算速度最終將會比普通電晶體電腦快 1,000倍。它不僅能充當超級電腦的基礎,還可用於控制複雜裝置的元件。此分子機器是由 17 個杜醌(duroquinone)分子所組成的,其中 1 個杜醌分子居中,充當「控制部」,另外 16 個分子圍繞著它,在金表面上透過 π-π 堆積自組裝而成。杜醌的直徑不到 1nm,它比可見光波長還要小數百倍。而且,杜醌分子具有六邊形(⬡),有 4 個甲基基團和 2 個碳氧雙鍵,看上去就像一輛小汽車。

　　研究人員是透過來自掃描隧道顯微鏡特別尖的導電針上的電脈衝來調節居中的杜醌分子,從而對此裝置進行操作的。由於電脈衝強度的不同,杜醌分子及其環上的取代基團將出現多種方式的移位。而且居中的杜醌分子與周圍的 16 個杜醌分子之間的連接不牢固,具有一定的柔性,

從而導致每一個分子也會出現移位變化。這就如同只要推倒一塊就會引發一連串西洋骨牌倒下的情形一樣。另外，也可以想像為 1 隻蜘蛛位於由 16 根蜘蛛絲編織的蜘蛛網中心，當蜘蛛向某一個方向移動時，每根連接牠的蜘蛛絲就會各自感受稍有不同的拖拉。因為對居中杜醌分子的電脈衝可使其位置發生改變，而該分子與周圍 16 個杜醌分子之間存在著非共價鍵弱相互作用，所以，居中杜醌分子位置的改變會觸動周圍 16 個杜醌分子位置的改變，就像對這 16 個分子傳送了位置改變指令。

　　研究人員稱這一分子機器是受大腦細胞的啟發而設計發明的，因為大腦神經細胞有樹狀一樣的放射狀神經分枝，每一個分枝都習慣於和其他大腦神經細胞溝通並傳輸指令。正是所有這些連接的存在才使得大腦如此強大。由於杜醌環上擁有 6 個取代基團，本身就有 6 個不同的配置。再由於此居中杜醌分子還同時控制其他 16 個分子，從算術上計算，這意味著一個電脈衝訊號可以實現 6 的 16 次方（結果為數十億）種不同的結果。相比之下，普通電晶體電腦一次僅能夠執行一種指令，或 0 或 1，僅有這兩種不同結果。因此，電腦科學家表示未來幾十年強大的並行處理會革新電腦的思考方式。

　　●π-π 堆積：一種常常發生在含芳香環的分子之間的超分子非共價弱相互作用，通常存在於相對富電子和缺電子的兩個分子之間。常見的堆積方式有面對面和邊對面兩種（本文「分子大腦」中杜醌分子的堆積方式屬於前者）。

5.5
結束語 ···

　　以上這些只是分子裝置與分子機器領域的冰山一角，但具有一定的
代表性。試想一下，如果科學家能夠將這些分子裝置和分子機器進行組
裝，使分子大腦、分子車、分子開關、分子馬達、分子剪刀透過分子導
線進行合理的連接，並有辦法使各部件能夠整體性地協調運轉，分子電
腦，甚至是分子機器人，從理論上來講，是完全有可能製造出來的；如
果再能夠解決製造分子電腦、分子機器人的分子裝置的問題，那麼，將
來從網際網路下載「硬體」也是完全有可能的。

　　化學家們已經透過精巧的設計得到了各式各樣的、人造或半人造的
分子機器。然而，如何在這些相對簡單的分子機器的基礎上進一步構造
出可以執行更複雜功能的體系，以及如何完成分子機器和宏觀世界的接
軌，這些對人類來說仍然是極大的挑戰。

06

OLED 之夢
OLED Dream

顯像裝置曾經無比厚重而脆弱,而現在的終端螢幕卻可以小如掌片、薄如紙,任你隨意彎折。科學家對發光和顯示的追求永無止境。即使已經占盡了便利,我們還是忍不住嚮往哈利波特的魔法報紙,希望在自己的眼前,隨意收放出絢麗多彩的畫卷。

　　顯示器已經在我們的生活中無處不在，不管是學習、工作還是娛樂都與資訊的顯示息息相關。那麼主要的顯示器到底是怎麼來的？經歷了哪些變化？現在最新的顯示產品是什麼樣的？它們又是如何實現顯像的呢？讓我們一起來了解新型顯示器背後隱藏的學問。

6.1
OLED 技術簡介

　　在介紹新的顯示技術 —— OLED 之前，讓我們先一起回顧一下顯示器的發展歷程。

　　陰極射線管顯示器（Cathode Ray Tube，CRT）是最早面世的顯示器（圖 6.1），作為第一代顯示器，CRT 顯示器具有很高的顯像能力。但是隨著螢幕變大，CRT 顯示器整體成比例地向寬厚發展，於是它就變得很厚重，同時也很耗電。CRT 顯示器在很長一段時間裡一直沒有大的發展。

圖 6.1 陰極射線管顯示器
（CRT 顯示器）

　　液晶顯示器（Liquid Crystal Display，LCD）的發明打破了這一僵局。剛開始 LCD 用於電腦上，後來隨著液晶技術的改良而廣泛用於家電產品的顯示器中（圖 6.2），並開創了筆記型電腦這一新興市場，同時也成為手機、平板電腦、數位相機等不可或缺的部件。作為第二代顯示器，LCD 最大的貢獻在於它能使顯示器變得更輕薄。

圖 6.2 液晶顯示器（LCD 顯示器）

　　進入 21 世紀，人們需要效能更好、更能符合未來生活需求的新一代顯示器，以迎接「4C」，即電腦（computer）、通訊（communication）、消費類電子（consumer electronics）、汽車電子（carelectronics）時代的來臨。有機發光二極體（organic light emitting diode，OLED）顯示器則為人們提供了新的選擇（圖 6.3）。與傳統的 CRT 和 LCD 相比，OLED 顯示器具有主動發光、視角廣（大於 175°以上）、響應時間短（小於 1μs）、高對比度、色域廣、工作電壓低（3 ～ 10V）、超薄（可小於 1mm）、可實現柔性顯示的特點，因此被喻為「下一代的夢幻顯示器」。

圖 6.3 有機發光二極體（OLED）顯示器

06 OLED 之夢
OLED Dream

OLED 屬於電致發光（electroluminescence，EL）裝置，其發光的基本原理是有機材料在電場作用下發光。據文獻報導，有機電致發光最早於 1963 年由 Pope 教授等人發現，當時他們將數百伏特的電壓施加於蒽晶體上，觀察到了發光現象，但是由於過高的電壓與差的發光效率，該現象在當時並未受到重視。直到 1987 年，美國柯達公司的華裔科學家鄧青雲（C. W. Tang）及 Steve Van Slyke 釋出以真空蒸鍍法製備的、類似「三明治」結構的 OLED 裝置，可使空穴與電子在有機材料中結合而輻射發光，大幅提高了裝置的效能，其商業應用潛力吸引了全球的目光，從此開啟了 OLED 的新時代。

目前，中小尺寸的 OLED 顯示器已經實現了大規模量產，OLED 電視也開始了商業化。同時，由於 OLED 具有可大面積成膜、功耗低以及其他優良特性，因此，OLED 還是一種理想的平面光源，在節能環保型照明領域也具有廣泛的應用前景。但在大尺寸 OLED、柔性 OLED 等領域，還有一些技術難題有待突破。與此同時，伴隨著顯示器形態的變化，還有許多應用領域有待探索。

● 鄧青雲發現 OLED

新科學發現大多是從一些出人意料的小事件開始的，OLED 的發現也不例外。1979 年的一天晚上，在柯達公司從事科學研究工作的華裔科學家鄧青雲博士，在回家的路上忽然想起自己把東西忘在了實驗室裡。等他回到實驗室後，竟然發現一塊做實驗用的有機太陽能電池在黑暗中閃閃發光，這個意外為 OLED 的誕生拉開了序幕。

鄧青雲開始思考將製作太陽能電池時使用的真空成膜技術、多層結構技術等應用到發光裝置中，並且實現了高亮度的發光。但當時這一發明並未在柯達公司內部引起重視，這個計畫面臨被取消的處境。鄧青雲說：「如果要終止計畫的話，那就讓我發表論文吧。」

於是，1987 年鄧青雲的論文發表在了 *Applied Physics Letters* 上。這篇文章引起了遠隔太平洋的日本科學研究人員和企業技術人員的極大興趣，日本的很多家企業紛紛去柯達拜訪鄧青雲博士，這使得柯達高層的想法發生了改變，研發計畫才得以延續下來。現在世界上已經有很多國家和地區的企業在研發這項技術，並已成功實現了 OLED 的產業化，鄧青雲也因此被譽為「OLED 之父」。

6.2
有機半導體材料的光電原理

眾所周知，塑膠等有機物在通常情況下是不導電的。因此，在實際生活中，塑膠通常作為一種絕緣體使用，塑膠在電子電器中的廣泛應用也正是基於這一點。

然而 2000 年諾貝爾化學獎得主 —— 美國科學家艾倫·黑格（Alan J. Heeger）、艾倫·麥克德爾米德（Alan G. MacDiarmid）和日本科學家白川英樹（Hideki Shirakawa）打破了人們的常規認知，向人們習以為常的「觀念」提出了挑戰。他們透過研究發現，塑膠經過特殊改造之後能夠像金屬一樣具有導電性。利用其導電性，可以將其用於電池、顯示等領域。

那麼，有機材料為什麼能導電，進而可以發光呢？這與固體物質的成鍵方式有著緊密的關聯。下面先讓我們了解一下固體物質的成鍵方式。

固體物質的成鍵方式

固體物質的主要成鍵方式包括離子鍵、金屬鍵、分子鍵和共價鍵。

離子鍵是陰陽離子透過靜電作用形成的化學鍵。離子化合物熔沸點較高，硬度較高，在固態時是不導電的，只有處於熔融狀態或溶液狀態時，才會因為離子鍵的斷裂再次分為陰、陽離子而導電，如氯化鈉（NaCl）。

金屬鍵是一種由於自由電子和排列呈網格狀的金屬離子之間的靜電吸引力形成的化學鍵。金屬中存在大量的自由電子導致金屬材料具有良好的導電性，在日常生活和生產中被廣泛應用。

共價鍵是兩個或多個原子之間共用它們之間的最外層電子而達到理想的飽和狀態的相互作用力。這種力具有方向性和飽和性，大多數共價化合物具有很高的熔沸點和硬度。除了矽是半導體外，此類物質一般不具有導電性，如金剛石。

分子鍵是這四種主要成鍵方式中最弱的化學鍵，主要是透過分子偶極矩間的庫侖作用形成的，由於分子鍵很弱，分子晶體具有低熔沸點、低硬度、易壓縮等特性，如惰性氣體。

有機材料分子中的主要成鍵方式是共價鍵，當共價鍵形成共軛結構時，電子會表現出離域性，有可能導致有機材料具有導電性。要進一步了解有機材料導電的原因，我們還需要了解有機材料分子內電子的運動情況。

價鍵理論和分子軌道理論

1927 年，德國化學家海特勒（W. Heitler）和倫敦（F. London）成功地利用量子力學基本原理分析了氫分子形成的原因，象徵著可以利用現代量子力學理論說明共價鍵的本質，進而發展成現代化學鍵理論。然而利用量子力學方法處理分子體系的薛丁格方程式計算複雜，嚴格求解

困難，所以必須採取某些近似假定來簡化計算過程。根據近似簡化的方法不同，現代化學鍵理論主要分為兩種理論：價鍵理論（valence bond theory）和分子軌道理論（molecular orbitaltheory）。

價鍵理論

　　美國化學家鮑林（L. Pauling）和斯萊特（J. C. Slater）提出的價鍵理論，是在分析化學鍵的本質時著眼於原子形成分子的原因，即化學鍵的成因及成鍵原子在成鍵過程中的行為和作用。關於價鍵理論可以翻閱前面第 4 章「獨特的原子結構」的內容。

分子軌道理論

　　另一種共價鍵理論是 1932 年由美國化學家馬利肯（R. S. Mulliken）和德國化學家洪德（F. Hund）提出的分子軌道理論。分子軌道理論著眼於成鍵過程的結果，即由化學鍵所構成的分子的整體。一旦形成了分子，成鍵分子就會在整個分子所形成的勢場中運動，而非局限於成鍵原子之間。原子軌道能夠有效形成分子軌道的三原則是對稱性匹配、能量相近和最大重疊，三者缺一不可。根據分子軌道理論，2 個原子的 p 軌道線性組合形成 2 個分子軌道，即能量低於原來原子軌道的成鍵軌道 π 和能量高於原來原子軌道的反鍵軌道 π^*，相應的鍵分別叫 π 鍵和 π^* 鍵。分子在基態時，2 個 p 電子（π 電子）處於成鍵軌道中，反鍵軌道空著。在前線分子軌道理論中，稱已占據電子、能量最高的分子軌道為最高占據軌道（highest occupied molecular orbital，HOMO），未被電子占據、能量最低的分子軌道為最低空軌道（lowest unoccupied molecular orbital，LUMO），分子軌道的名稱則相應地用 σ、π、δ 等符號表示。

●HOMO（highest occupied molecular orbital）：最高占據能級，為分子的填充軌道中能量最高的能級，此處電子受原子核的束縛最小，最容易移動。

●LUMO（lowest unoccupied molecular orbital）：最低空置能級，為分子的空置軌道中能量最低的能級，此處容易填充電子。

共價鍵分類由於提供形成共價鍵的原子軌道類型不同，共價鍵可分為三類：σ鍵，π鍵和δ鍵，有機材料主要以前兩種為主。如圖6.4所示，當兩個原子軌道沿軌道對稱軸方向相互重疊，導致電子在核間出現機率增大而形成的共價鍵即以「頭碰頭」方式成鍵時，稱為σ鍵；當成鍵原子的未混成p軌道，透過平行或側面重疊即以「肩並肩」方式成鍵時，稱為π鍵。由於σ鍵是以原子核連接為對稱軸，原子軌道重疊較多，鍵相對就牢固，且σ鍵沿對稱軸方向相對旋轉並不會影響到鍵軸上的電子雲分布，所以σ鍵是可以旋轉的鍵。π鍵是p軌道「肩並肩」形成的，這

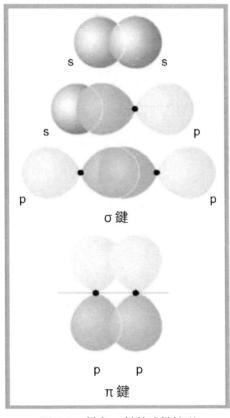

圖6.4 σ鍵和π鍵的成鍵情形

就要求兩個 p 軌道必須平行才能重疊成鍵,所以 π 鍵是不能旋轉的鍵,且由於重疊部分較小,故鍵相對較弱。

那麼,σ 鍵和 π 鍵存在於什麼樣的分子中呢?當 1 個原子和鄰近的 1 個原子之間共享 1 對電子對,形成單鍵,如乙烷(CH3 — CH3),碳原子之間形成 1 個共價鍵,此時碳原子為 sp3 混成,形成的共價鍵就是 σ 鍵。當 1 個原子和鄰近的原子共享兩對電子對時,形成 2 個共價鍵,如乙烯(H_2C — CH_2)中的碳碳雙鍵,此時單個碳原子為 sp^2 混成,所以 CC 鍵之間形成的一個是 σ 鍵,一個是 π 鍵。當 1 個原子和鄰近的原子共享 3 對電子對時,形成 3 個共價鍵,如乙炔(HCCH)中的碳碳三鍵,此時單個碳原子為 sp 混成,所以 CC 鍵之間形成 1 個 σ 鍵,2 個 π 鍵。由於 π 鍵鍵能小於 σ 鍵,所以當發生取代等反應時,首先破壞的是 π 鍵。另外,雖然含有 π 鍵的原子已經滿足最外層 8 電子穩定結構的要求,但是由於原子沒有達到與其他原子結合的最大數目,仍具有發生化學反應的潛力,化學性質相對於只含 σ 鍵的飽和原子比較活潑,如化學性質活潑程度:乙炔>乙烯>乙烷。

共軛分子

同樣是有機物質,塑膠不能發光,而有機光電材料為什麼能夠導電發光呢?這與有機光電材料具有關鍵影響力的結構 —— 共軛 π 鍵結構有關。共軛是不飽和化合物中兩個或兩個以上雙鍵或三鍵透過單鍵相連接時發生的電子離位作用,即三個或三個以上的互相平行(也即共平面)的 p 軌道重疊形成大 π 鍵。此時,共軛體系中的 π 電子不再局限於兩個原子之間運動,而是發生離域作用,從而促使具有共軛結構的分子中電子雲密度發生改變(共平面化)。軌道重疊越多,離域越容易,共軛性越強。這些離域的電子不停地移動,使得有機材料具有光電特性。如果把

原子中的電子比作汽車，p 軌道比作公路，就如同汽車在兩條平行的公路上奔跑，相互並不能跨越。當 p 軌道發生離域，電子雲密度發生變化時，就如同在兩條公路之間搭建了橋梁，兩條路上的汽車就可以相互跨越了，即電子可以在不同的 p 軌道之間實現移動。一旦有機材料外加電場後，材料就具有了導電能力。

　　有機材料中的載流子（電子和空穴）主要透過分子間躍遷方式進行傳輸，且導電效能與材料晶體的堆積結構、形貌及陷阱密切相關，這就導致了有機材料的導電特性比金屬、無機半導體差。通常情況下，具有單晶堆積和較強的分子間 π-π 耦合的有機材料導電效能較好。

　　一般有機共軛材料受到光照後，將會激發 π 電子發生光學躍遷和輻射。由於 π 鍵的強度比 σ 鍵弱很多，因而 π 電子能量較高。HOMO 為 π 軌道，而 LUMO 是 π* 軌道，有機共軛材料的最低光學躍遷通常發生在 π 電子中，表現為 π-π* 躍遷。π 電子吸收電能躍遷到高能量的不穩定的激發態，將趨向於回到低能量的穩定的基態，就如同人站在幾公尺高的臺階上覺得不安全，必須站在平地上才能心安一樣。從激發態回到基態的過程就是能量輻射的過程，這時的能量將以光能的形式輻射，即發光。理論上講，發光的顏色取決於發射光子的能量，即激發態和基態的能量差，能量差越大，發射的光子能量越大（圖 6.5）。也就是說，要改變發光的顏色，可以用不同的有機分子作為發光體，或透過設計有機材料的激發態和基態的能量差來實現。

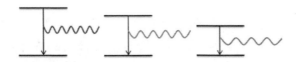

圖 6.5 不同的能量差躍遷發射不同顏色的光

苯環是單雙鍵交替形成的正六
元環，苯環上的碳原子均透過 sp2
混成後分別和兩個碳原子和一個氫
原子 1s 軌道重疊，形成 6 個碳碳 σ
鍵和 6 個碳氫 σ 鍵，兩個 sp2 混成

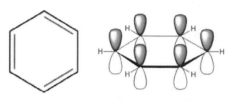

圖 6.6 苯環的分子結構和分子軌道

軌道的夾角是 120°，使得苯環上的 6 個碳處於同一平面。另外，苯環上
的碳原子還各具有一個未混成的 2p 軌道，這 6 個 2p 軌道處於同一平面，
且互相平行重疊，形成大 π 鍵。來自 6 個碳原子的 6 個 π 電子可在大 π
軌道上離域，使得苯環表現出導電性（圖 6.6）。正是由於苯環的環狀共
軛體系，使得它在有機光電材料上占據重要地位。

6.3
OLED 發光原理 ·······································

OLED 發光原理

OLED 的基本結構類似三明治，由兩個電極和夾在兩者之間的多層
有機材料組成。按照功能可將有機層分為空穴傳輸層（Hole Transport
Layer，HTL），發光層（Emitting Layer，EML），電子傳輸層（Electron
Transport Layer，ETL）等。

當裝置兩端施加一定的電壓時，空穴（帶正電）和電子（帶負電）
克服界面勢壘後，分別由陽極和陰極進入空穴傳輸層和電子傳輸層的兩
個不同的能級；電荷在外電場的作用下在傳輸層中傳輸，並進入發光
層；它們在發光層中復合形成激子，這時激子處於高能量但不穩定的激
發態，當它以發光的形式回到基態時即產生注入型電致發光（圖 6.7）。

可將上述 OLED 發光過程概括為三步：第一步，載流子注入，即施加電壓後，空穴和電子克服勢壘，由陽極和陰極注入，分別進入空穴傳輸層的 HOMO 能級和電子傳輸層的 LUMO 能級。第二步，載流子傳輸，即空穴和電子在外部電場的驅動下傳遞至 EML 的界面，界面的能級差使得界面有電荷累積。第三步，載流子復合，即電子、空穴在有發光特性的有機物質內再結合，形成激子，此激發態在一般環境中不穩定，之後將以光或熱的形式釋放能量而回到穩定的基態。

下面介紹 OLED 發光過程的機理，理解它們對 OLED 裝置效能有哪些具體的影響。

載流子注入機理

載流子注入是指電子和空穴透過電極－有機層的界面從電極進入有機層的過程。由於功能層總厚度僅為數十至數百奈米，大約 10V 的

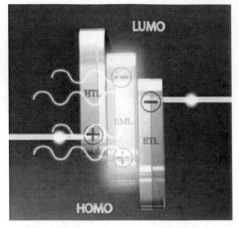

圖 6.7 OLED 發光示意圖

● 空穴（hole）：空穴又稱電洞（electronhole），在固體物理學中指共價鍵上流失一個電子，最後在共價鍵上留下空位的現象。即共價鍵中的一些價電子由於熱運動獲得一些能量，從而擺脫共價鍵的約束成為自由電子，同時在共價鍵上留下空位，這些空位稱為空穴。

● 激子（excition）：激子是指材料中以庫侖力相互作用束縛的電子空穴對，其中電子處於較高能級，空穴處於較低能級。也可以說激子是材料捕獲能量後的一種表現形式。

電壓便可在有機層中產生 105 ～ 106V/cm 的電場。這樣高的電場可以促進電子和空穴克服電極與有機材料之間的勢壘,實現從電極到有機材料的注入。注入勢壘分為空穴注入勢壘和電子注入勢壘。空穴注入勢壘可視為陽極費米能級與相鄰 HTL 的 HOMO 能級之差,電子注入勢壘為陰極費米能級與相鄰 ETL 的 LUMO 能級之差。

　　注入勢壘的大小決定了載流子注入的難易程度,對裝置的啟亮電壓、發光效率和工作壽命有著直接的影響。因此在 OLED 裝置設計時,要設法降低注入勢壘,這樣有利於電荷注入,可降低裝置啟動電壓,提升 OLED 裝置效能。

　　降低注入勢壘的首要方法是選取與鄰近有機材料匹配的電極,即選取高功函的陽極材料以及低功函的陰極材料。鋁(Al)是生活中常用的材料,它也是非常理想的 OLED 電極材料。鋁的功函式為 4.3eV,與 ETL 的 LUMO 能級通常有一定的差距,需要引入一些其他材料來改變界面,使電極與有機傳輸層之間得到更好的匹配,其中氟化鋰(LiF)是目前使用最廣泛的鋁電極修飾材料。

載流子傳輸機理

　　載流子傳輸是指將注入至有機層的載流子輸運至復合界面處。載流子在有機分子薄膜中傳輸存在跳躍運動和隧穿運動兩種形式。當載流子一旦從兩極注入到有機分子中,有機分子就處在離子基(A⁺、A⁻)狀態,並與相鄰的分子透過傳遞的方式向對面電極運動。此種跳躍運動是靠電子雲的重疊來實現的,從化學的角度解釋,就是相鄰的分子透過氧化－還原方式使載流子運動。而對於多層結構來講,層與層之間的傳輸過程被認為是隧穿效應使載流子跨越一定勢壘而進入復合區的。

激子復合與發射

電子和空穴從電極注入有機層中後，透過載流子遷移，電子和空穴在靜電場的作用下束縛在一起形成激子，當發光材料分子中的激子由激發態以輻射躍遷的方式回到基態時，就可以觀察到電致發光現象，而發射光的顏色由激發態到基態的能級差決定。

OLED 裝置結構

實際上僅僅掌握了 OLED 的發光原理，距離生產出高效長壽命的 OLED 產品還具有相當長的距離，那麼什麼樣的 OLED 裝置結構是比較好的裝置結構呢？

經過科學家們的不斷探索，對於 OLED 的應用研究，可從以下四個方面進行改進：（1）提高發光效率。（2）降低驅動電壓。（3）最佳化光色純度。（4）提高裝置穩定性和壽命。隨著研究的深入，研究者們提出了形形色色的 OLED 裝置結構，根據裝置中有機層的數量可將 OLED 裝置簡單地分為單層裝置、雙層裝置、三層裝置、多層裝置等。如今許多高效率的裝置都屬於多層裝置結構，並且新的裝置結構仍在不斷研發改進中。

6.4
有機材料──OLED 的根本 ·················

上面我們已經介紹了 OLED 裝置的基本原理和結構，可以看出有機材料在 OLED 中扮演著非常重要的角色。首先，有機材料的原材料來源豐富，像塑膠一樣，有機材料也是以石油為原料的化學產品，這種資源

優勢有望使得 OLED 實現低成本化；其次，有機化合物的結構也是多樣化的，因此 OLED 材料的種類也是多樣化的，這使得我們可以合成出各種性質迥異的 OLED 功能材料。不同結構的有機分子可以實現不同的功能，如果想要改變 OLED 發光的顏色，只要改變發光層中材料的分子結構就可以得到不同顏色的光。

螢光發光材料

OLED 的核心部分是發光材料，最早的有機電致發光現象就是在蒽（An）單晶中載入 400V 的工作電壓時發現的，蒽可說是有機發光材料的始祖，它開啟了 OLED 的歷史。蒽是藍光螢光發光材料，在其分子結構（圖 6.8）的基礎上進行設計改造，其原來的藍光可以向長波長移動。如 9,10- 二萘蒽（ADN）、9,10- 二（2- 萘基）-2- 甲基蒽（MADN）、2- 叔丁基 -9,10- 二（2- 萘基）蒽（TBADN）等，由於有相當好的螢光效率，這些二芳香基蒽衍生物已經被廣泛地應用於 OLED 裝置中。

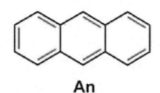

An

圖 6.8 蒽（An）的分子結構

注入材料與傳輸材料

雖然發光層是有機發光裝置中最重要的組成部分，但 OLED 還需要包括各種功能材料，這些材料有利於降低裝置驅動電壓、平衡載流子傳輸、提高裝置工作壽命等。按照有機材料的功能，可以分為空穴注入材料、空穴傳輸材料、電子傳輸材料、電子注入材料等。

空穴注入材料

通常陽極材料的表面功函式小於 5eV，該值與大部分空穴傳輸材料的 HOMO 能級有一定的差距，不利於空穴的注入。在陽極材料和空穴傳輸材料之間加入一層空穴注入材料將有利於增加界面的空穴注入，達到改善裝置電壓、效率和壽命的作用。空穴注入材料通常選用 HOMO 能級與陽極材料功函式最匹配的材料，由於其也具有空穴傳輸能力，因此它有時也與空穴傳輸材料的作用類似，常見的材料有酞菁銅（CuPc）、聚乙撐二氧噻吩（PEDOT）等；另一類空穴注入材料具有拉電子特性的化學結構，如 2,3,6,7,10,11- 六氰基 -1,4,5,8,9,12- 六氮雜三亞苯（HAT）（圖 6.9），電荷透過其 LUMO 能級進入空穴傳輸層的 HOMO 能級。除了利用能級匹配的材料外，還可以在具有空穴傳輸特性的材料中摻雜氧化劑，使其作為有效的空穴注入層。一方面，摻雜可增大界面處能帶彎曲的程度，使空穴有機會以隧穿的方式注入，形成近似歐姆接觸；另一方面，由於主體 HOMO 上的電子可躍遷至摻雜劑中的 LUMO 能級，在該層中形成自由空穴，從而提高了該層的導電率。

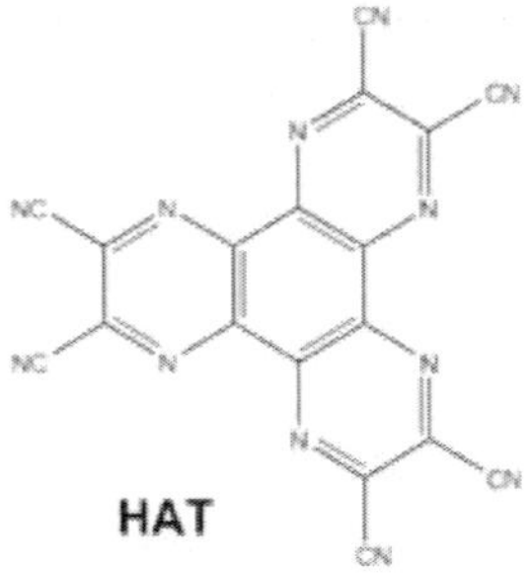

圖 6.9 空穴注入材料 HAT 的分子結構

空穴傳輸材料

　　三芳胺類物質是目前使用較為廣泛的一類空穴傳輸材料，它是在發展影印技術時發明的，這類材料都具有較高的空穴遷移率。4,4'- 環己基二 [N,N- 二（4- 甲基苯基）苯胺]（TAPC）是一種良好的空穴傳輸材料，遷移率為 $1 \times 10^{-2} \mathrm{cm}^2/\mathrm{Vs}$，分子結構如圖 6.10 所示。

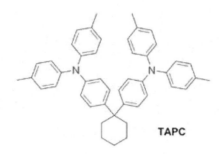

圖 6.10 空穴傳輸材料 TAPC 的分子結構

　　咔唑類衍生物也是一類常用的空穴傳輸材料，這類材料能夠提供合適的 HOMO 能級和 LUMO 能級，能夠減少空穴的注入勢壘並阻擋電子以避免激子淬滅。然而在有機發光裝置中，除了空穴遷移率和能級的要求外，還要求其能夠形成無針孔缺陷的薄膜。目前設計新的空穴傳輸材料的重點是有較高的熱穩定性，在裝置的製作過程中形成穩定的非晶態薄膜。通常三種方式可獲得更好的非晶態的分子結構：

▷ 以非平面分子結構增加分子幾何構型。

▷ 使用大相對分子質量的取代基，提高分子體積及相對分子質量，並達到維持玻璃狀態的穩定性。

▷ 利用剛性基團或由分子間氫鍵與非平面分子的結合，提高有效相對分子質量。

電子傳輸材料

　　為提高 OLED 效率、降低 OLED 電壓、增加 OLED 壽命等，通常金屬絡合物、吡啶類、唑類衍生物被用作電子傳輸材料，Alq_3 是最經典的金屬絡合物，其結構如圖 6.11 所示。這類材料普遍具備以下性質：

▷ 具有可逆的電化學還原和足夠高的還原電位，這是因為電子在有機薄膜中的傳輸過程是一連串的氧化還原反應。

▷ 具有較高的電子遷移率，以使電荷結合區域遠離陰極，提高激子生成率。

▷ 具有合適的 HOMO 能級和 LUMO 能級，一方面減少電子的注入勢壘，減少裝置的驅動電壓，另一方面能夠阻擋空穴並避免激子淬滅。

▷ 具備較高的玻璃化溫度和熱穩定性，以避免由於裝置驅動過程中產生的焦耳熱影響壽命。

▷ 可經過熱蒸鍍方式形成均勻、無針孔的薄膜。

▷ 具有形成非結晶薄膜的能力，以避免光散射或結晶導致的衰變。

圖 6.11 電子傳輸材料 Alq_3 的分子結構

磷光發光材料

　　和前面講到的螢光發光材料不同的另一種發光材料是磷光發光材料。電致磷光發光現象的發現是近年來有機發光科學及技術上具有突破性的關鍵發展之一，它使得一般常規螢光 OLED 的內量子效率由 25% 提升至 100%。

　　當電子、空穴在有機分子中再結合後，會因電子自旋對稱方式的不同，產生兩種激發態的形式。一種是非自旋對稱的激發態電子形成的單線態激子，會以螢光的形式釋放能量回到基態；另一種是自旋對稱的激發態電子形成的三線態激子，會以磷光的形式釋放能量回到基態，由電子、空穴再結合的機率計算，兩種激子的比例是單線態激子：三線態激子為 1：3（圖 6.12）。但由於從三線態回到基態的過程產生一對自旋方向相同的電子，這違反了包立不相容原理，因此三線態在常溫下通常由分子鍵的旋轉、伸縮或分子間相互碰撞的形式，以非輻射躍遷詳述釋放能量，這將極大地影響有機材料的發光效率。1998 年，普林斯頓大學的 Baldo 和 Forrest 教授等人使用了具有特殊構型的由重金屬原子所組成的絡合物，可利用重原子效應的強烈自旋軌道耦合作用，使得原本被禁止的三線態激子能量都可以發光的形式釋放，從而大幅提高了 OLED 的效率。

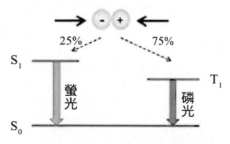

圖 6.12 電子、空穴結合後兩種激發態

目前普遍使用的磷光客體材料都是銥金屬配合物,透過使用不同的配位基獲得不同的發光顏色,紅光材料如 Ir(piq)₃、Ir(MDQ)₂(acac) 等,綠光材料如 Ir(ppy)₃、Ir(mppy)₃ 等,藍光材料如 FIrpic、FIrtaz 等,以下為其中幾個的分子結構示意圖(圖 6.13)。

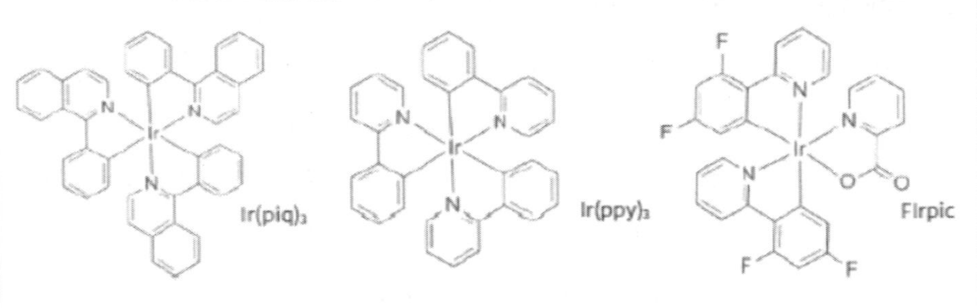

圖 6.13 幾種磷光材料分子結構

激子阻擋層材料

由於三線態激子的壽命較長,在裝置中的擴散距離能達到 100nm。為了保證激子能被限制在發光層中,需要用一層激子阻擋層材料隔開發光層和傳輸層。這一材料不僅要具有較高的三線態能級來阻擋三線態激子的擴散,還要有適當的 HOMO 和 LUMO 能級避免影響電荷向發光層的注入。

以上介紹的幾種只是有機發光材料的冰山一角,從最早的單一材料到具有明確分工的發光層材料、傳輸材料等各種功能材料,有機發光材料從未停止其發展的腳步,各種效能優異的材料正在不斷地被開發出來。總之,有機發光材料以其多樣性和豐富性,不斷地推動 OLED 技術的發展。

● 包立不相容原理：在費米子組成的系統中，不能有兩個或兩個以上的粒子處於完全相同的狀態。在原子中完全確定一個電子的狀態需要四個量子數，所以包立不相容原理在原子中就表現為：不能有兩個或兩個以上的電子具有完全相同的四個量子數，這成為電子在核外組態形成週期性從而解釋元素週期表的準則之一。

● 重原子效應：磷光測定體系中（待測分子內或加入含有重原子的試劑）有原子序數較大的原子存在時，由於重原子的高核電荷引起或增強了溶質分子的自旋－軌道耦合作用，從而增大了 $S_0 \rightarrow T_1$ 吸收躍遷和 $S_1 \rightarrow T_1$ 系間竄躍的機率，即增加了 T_1 態粒子的布居數，有利於磷光的產生和增大磷光的量子產率。

6.5
神奇的有機材料設計與合成 ·····

上一節我們了解到有機材料在 OLED 中扮演著十分重要的角色，它是 OLED 的根本，那麼我們是否只能從大自然中尋找我們所需要的有機材料呢？實際上，有機材料完全可以透過材料的設計開發而獲取，已有的理論就可以指導我們「變出」這些神奇的材料。

眾所周知，化學是一門實驗科學，是一門研究化合物分子的微觀結構與其宏觀效能關係的科學，早期的化學大多是在無數次實驗的基礎上總結出來的定性的科學。但是隨著化學的發展，人們逐漸發現如同人的基因排列決定了人體機能一樣，材料顯微組織及其中的原子排列也基本上決定了材料的效能；因此，化學家開始尋找和建立材料從原子排列到

相的形成、顯微組織的形成、材料宏觀效能與使用壽命之間的相互關係，並逐漸累積了大量的資料。同時透過物理學方法的引入而發展起來的理論化學和量子化學的研究成果以及電腦科學的發展，使得人們對化合物分子結構對分子性質的影響給出了半定量的結果；把成分－結構－效能關係和資料庫與計算模型結合起來就可以大大加快材料的研發速度，降低材料研發的成本，提高材料設計的成功率。

如何根據製造需求提出材料的效能需求，再根據效能需求來快速、準確地設計研發出所需材料是材料科學的目標。在 OLED 材料研發過程中，首先根據材料的研究經驗設計出一系列的有機分子結構；然後使用計算軟體對目標分子進行結構最佳化，使之達到能量最小；最後透過對此結構方式的分子進行量化計算，我們就可以獲得一系列有用的資訊，包括分子的 HOMO 能級、LUMO 能級、三線態能級、分子軌道的電子雲分布等。這些資訊對預測材料效能有著非常重要的作用，下面我們以在 OLED 裝置中廣泛使用的 NPB 為例，對化合物的量化計算作一簡要說明。

NPB 作為 OLED 中常用的空穴傳輸材料，其結構如圖 6.14 所示，我們很難憑空想像出分子中各個基團間的排列方式。例如和 N 原子相連的三個基團是否在同一個平面上，其相互間的角度是多少等等。這些連接方式直接影響到在固相中分子與分子之間的堆積排列方式，進而影響到材料的各種效能（軌道能級、載流子遷移率等）。

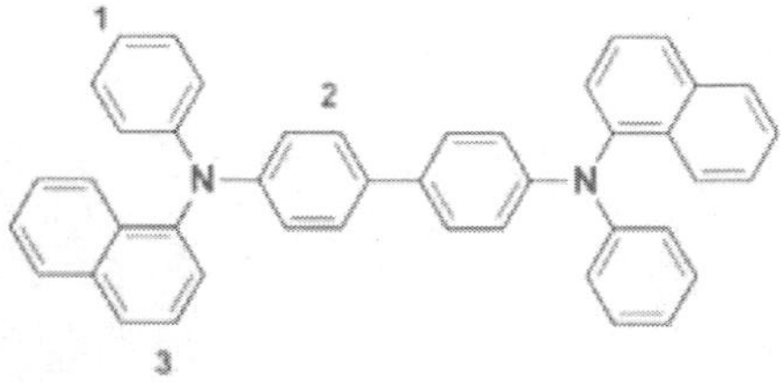

圖 6.14 空穴傳輸材料 NPB 的分子結構

　　使用 Gaussian 03 軟體可以對我們所畫出的分子結構進行結構最佳化，分子中的各個基團以圖 6.15 所示的方式進行連接能夠使得分子的能量處於最低。

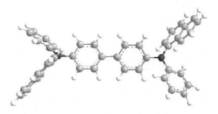

圖 6.15 NPB 分子擬合計算空間結構

　　接著對所最佳化得到的分子進行量化計算，根據計算結果我們可以給出 NPB 分子的不同分子軌道的電子雲分布圖，其中最有用的是 HOMO 能級（圖 6.16）和 LUMO 能級（圖 6.17），這兩個軌道直接影響到材料的電子和空穴注入效能，以及材料的光物理引數等。從圖中可以看到 NPB 分子的各個基團上均有電子雲分布，顯示對分子的 HOMO 能級均有貢獻，因而對這些基團的任何修飾及改變均會對材料的空穴注入效能產生影響；而從 LUMO 的電子雲分布圖上來看，和 N 原子相連的苯環基本上沒有電子雲分布，說明這個苯環對整個分子的 LUMO 能級基本上不產生影響，所以對這個苯環的修飾不會對分子的 LUMO 產生影響，也不會影響材料的電子注入效能，我們可以透過改變這個苯環上的取代基團調整分子的能隙，進而改變材料的吸收和發射效能。

圖 6.16 NPB 的 HOMO 軌道電子雲分布圖　　圖 6.17 NPB 的 LUMO 軌道電子雲分布圖

　　根據獲得的資料，對分子結構進行進一步的改進，周而復始，直到獲得滿意的資料。使用量化計算對材料的設計進行指導，減少了合成的盲目性，縮小了目標分子的範圍，從而減少材料篩選的工作量，大大提高了新型 OLED 材料開發的效率，使得原來純粹經驗科學的、定性的有機材料合成化學向半定量科學發展。

　　不過需要指出的是，由於量化理論本身的近似性以及演算法的限制，使得我們得到的計算結果與實際測量值尚有較大的誤差，例如以 Gaussian 03 軟體計算出來的 NPB 的 HOMO 能級和 LUMO 能級分別是 -4.7eV 和 -1.2eV，能隙為 3.5eV；而實際的實驗資料（實驗資料也可能有不小的誤差）為 -5.4eV 和 -2.4eV，能隙為 3.0eV。一般來說實測值都會比計算值小（絕對值更大）。儘管如此，量化計算仍對我們理解材料的性質以及新材料的開發提供了非常有價值的資訊。

　　OLED 材料的結構種類繁多，性質功能各不相同，但是為了能夠充分地發揮有機材料在載流子傳輸、載流子復合以及激子的產生、能量轉移和光的發射中的作用，絕大多數 OLED 材料存在多環芳烴的結構，且透過 C − C 鍵或者 C − N 鍵將不同的多環芳烴基團相互連接起來，因此在 OLED 材料的合成過程中一般都會使用鈀催化的碳─碳偶聯反應（最常見的是 Suzuki 反應）或者碳─氮偶聯反應（Buchwald-Hartwig 反應）。正是因為鈀催化的偶聯反應越來越多地在藥物開發、新材料開發的過程中被廣泛應用，大大提高了有機分子的合成效率。

　　整體來說 OLED 材料的合成相對於藥物分子的合成反應類型簡單，而鈀催化反應的成功應用使得大部分 OLED 材料的合成像搭積木一樣簡單。我們首先篩選出具有潛在應用價值的母體結構的中間體（一般為高共軛的多環芳烴體系，例如蒽、芘、苯駢菲等），再合成出具有不同電子

及空間效應的各種功能結構有機芳烴模組單元（這些基團可能也會具有 100 ~ 200g/mol 的相對分子質量），根據所需的目標材料分子的性質要求，將相應基團進行組合就可以拼接出各式各樣的 OLED 材料。雖然現在 OLED 材料的價格昂貴（每克幾百至幾千元之間），但這是由於 OLED 產業尚未發展起來，而且中間體市場也相對較小。如果 OLED 中間體模組能夠像汽車配件一樣實現批次化，則會降低 OLED 材料的價格，這種合成模式在一定程度上也有利於實現 OLED 材料的終極低成本。

為了更好地發揮 OLED 材料的應用效果及使用壽命，大多數的小分子體系材料的相對分子質量需要控制在 500 ~ 900g/mol 之間。相對分子質量太小會導致材料的玻璃化溫度太低，容易降低裝置的使用壽命；而如果材料的相對分子質量太大（大於 1000g/mol），則材料的蒸鍍溫度會升高，會使材料蒸鍍過程中分解傾向增大，不利於材料的應用。具有這種相對分子質量的多環芳烴類化合物一般具有較小的極性和較差的有機溶劑溶解性，所以 OLED 材料一般很難透過重結晶的方法進行材料純化；另一方面，由於有機分子的分子間作用較弱，也使得有機材料很難像無機半導體材料那樣透過生長單晶的方法製備超高純度材料。作為高階電子材料，OLED 材料必須具有非常高的純度（> 99.9%），實踐中 OLED 材料的提純通常用昇華的方法來實現。OLED 材料昇華前仍然需要將產品的純度提高到某種高度（例如大於 99.5%），然後在高真空下經過一次甚至多次昇華，最終達到 OLED 材料的使用標準。

在 OLED 材料的開發過程中，往往伴隨著多次的材料合成→裝置驗證→材料結構改進→裝置驗證等反覆過程，才有可能開發出一款具有合成可操作性、效能優異、裝置表現良好的材料，下面我們以早期開發的一款紅色螢光染料為例來描述一下 OLED 材料的開發過程。

　　圖 6.18 是 DCM 分子結構示意圖，它是一種高效的雷射染料，早在 1989 年的時候，就被柯達公司的鄧青雲等人首先應用摻雜技術，將 DCM 摻雜在以 Alq3 為主體的發光層中，實現了由綠光轉變為紅光的裝置，其發射波長為 596nm，摻雜後裝置效率提高一倍達到 2.3%，但是作為紅光來說，顏色有些偏黃。

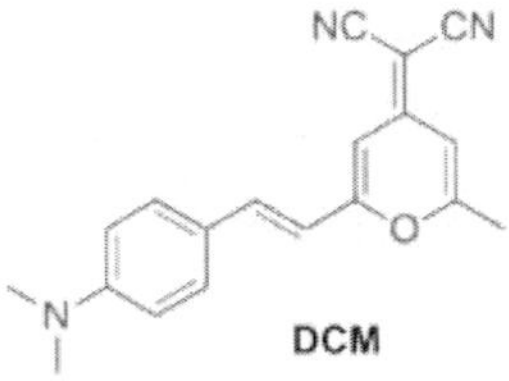

圖 6.18 雷射染料 DCM 的分子結構

　　為了改變 DCM 的發光光譜，使其發射波長紅移，可以透過加大這個分子中 N 原子與苯環的共軛程度來實現。化合物 4-（二氰基亞甲基）-2- 甲基 -6-[2-（2,3,6,7- 四氫 -1H,5H- 苯駢 [ij] 喹嗪 -9- 基）乙烯基]-4H- 吡喃（DCJ）可以實現這一想法，它的分子結構如圖 6.19 所示，在 DCJ 分子中，苯環與含有氮原子的兩個雜環並聯起來，使得 N 原子上的孤對電子與苯環處於同一平面上，因而增強了共軛作用，化合物的發射波長也紅移了 34nm，達到了 630nm，是屬於真正紅色的區域。但由於共軛性增大，使得分子的平面性加強，從而引起了分子與分子間相互作用的增強，這將使裝置裡濃度淬滅現象變得更嚴重，使裝置效率有所降低。

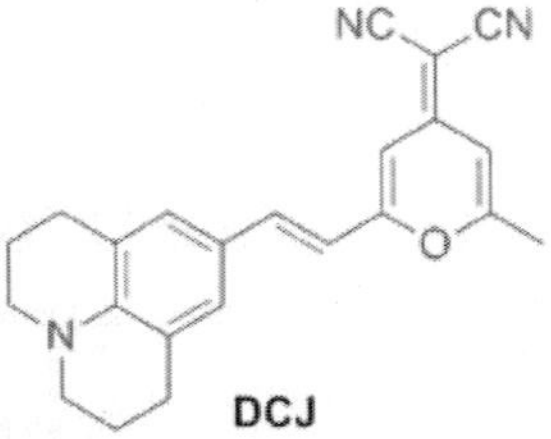

圖 6.19 紅色螢光染料 DCJ 的分子結構

　　為了降低染料分子間的相互作用，也就是降低濃度淬滅現象，可以採用在分子內增加取代基的方法，這將會減少分子的堆積效應，如化合物 2-[2- 甲基 -6-[2-（2,3,6,7- 四氫 -1,1,7,7- 四甲基 -1H,5H- 苯駢 [ij] 喹嗪 -9- 基）乙烯基]-4H- 吡喃 -4- 亞基] 丙二腈（DCJT）（圖 6.20）。DCJT 分子中增加了四個甲基，這四個甲基的存在有效地拉長了分子與分子間的距離，減弱了分子與分子間的相互作用，極大地降低了裝置發生濃度淬滅現象的機率。

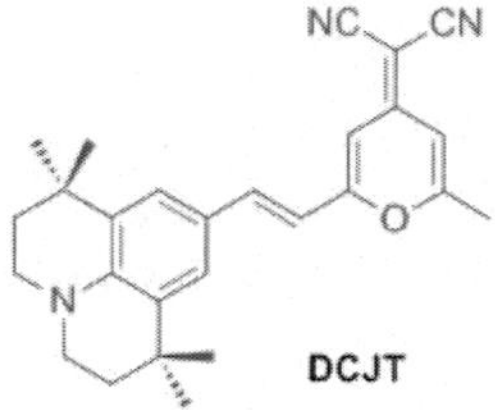

圖 6.20 紅色螢光染料 DCJT 的分子結構

　　之後，人們發現在合成 DCJT 這個染料的過程中，總會存在一些很難除去的雜質，使得合成高純度的 DCJT 變得非常困難，這將影響裝置效率和穩定性。研究發現，這些雜質的產生是由於 DCJT 分子內呋喃環上活潑的甲基引起的。為了消除甲基中活潑 H 原子的影響，又合成了以叔丁基替代甲基的化合物 DCJTB，分子結構如圖 6.21 所示，由於沒有了活潑 H 原子的存在，材料在合成中純度得到很好控制，應用在 OLED 裝置中也表現優異：以 Alq_3 為主體，分別摻雜 2% 的 DCJTB、6% 的 NPB 以及 5% 的紅熒烯的裝置可在 600cd／m2 下連續工作 8,000h。

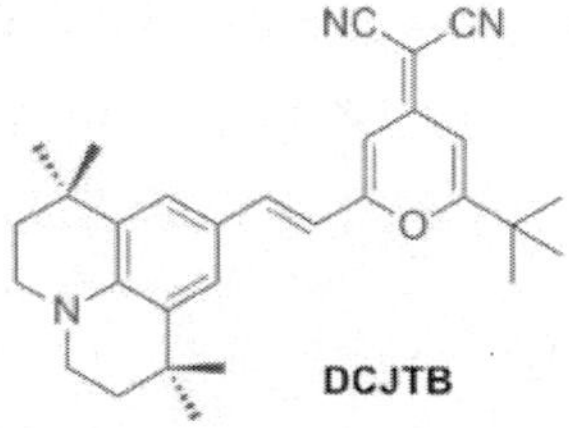

圖 6.21 紅色螢光染料 DCJTB 的分子結構

6.6
OLED 的應用 ···

隨著 OLED 的逐步產業化,它開始應用於我們的生活中,主要應用於顯示和照明兩大領域。

OLED 顯示

OLED 技術在顯示領域的發展相對成熟,按照驅動方式的不同,OLED 可分為無源驅動型(passive matrix OLED,PMOLED)和有源驅動型(active matrix OLED,AMOLED)。

PMOLED 由於生產工藝相對簡單,較早實現了產業化。由於受驅動方式的限制,PMOLED 產品的尺寸大多在 2 英寸(1 英寸 = 2.54cm)以下,主要應用於消費類電子、工控儀表、金融通訊、智慧型穿戴等領域。全球 PMOLED 市場相對比較平穩,從事 PMOLED 生產的企業主要有台灣的錸寶、日本先鋒和雙葉等。

AMOLED 每一個畫素都可連續獨立驅動,並可以記憶驅動訊號,不需要在大脈衝電流下工作,效率較高,適用於高清晰度、高解析度、大尺寸的全彩顯示。目前 AMOLED 成本較高,製程相較 PMOLED 複雜,但仍比 TFT-LCD(thin film transistor-LCD,薄膜場效應電晶體-液晶顯示器)簡單。韓國三星已經實現了中小尺寸 AMOLED 的大規模生產,其採用的是「LTPS(低溫多晶矽)背板 + RGB(紅綠藍)OLED」技術。LG 公司採用「oxide TFT(氧化物 TFT)背板 + 白光 OLED」技術實現了 AMOLED 電視的批次生產。

OLED 還擁有其殺手級應用 —— 柔性顯示，由於 OLED 是一種全固態的發光裝置，因此被認為最適用於柔性顯示。OLED 柔性顯示具有超輕、超薄、可捲曲、便攜、抗衝擊等諸多優點，相比現有的平板顯示技術，OLED 柔性顯示技術有望進一步拓展顯示技術至可穿戴電子等應用領域，在提升人類視覺享受的同時，也是一種創造人類美好新生活非常重要的前瞻技術。

在 OLED 柔性顯示技術發展的推動下，以及穿戴式產品、行動終端的強大需求的帶動下，OLED 柔性顯示得到了快速發展。當前 LG、三星等公司已推出曲面 OLED 手機與電視。目前這些柔性產品只是「可彎曲的」，距真正意義上的形狀可變的柔性顯示還有一定的距離。

此外 OLED 技術還可以用於透明顯示。透明顯示器可以實現在觀看螢幕顯示圖像的同時透過螢幕觀察外部環境。OLED 材料本身具有透明性，只要將襯底和驅動電極都選用透明材料，製備的 OLED 即為透明 OLED。透明 OLED 自身能發光，而且外部光線也能透過它形成一種特殊的視覺感受。第一款透明 OLED 顯示產品為三星 2010 年推出的 Samsung Ice Touch，同年三星開發出了一款 14 英寸透明螢幕的筆記本原型機，該筆記本顯示器的透明度能達到 40%，而透明塑膠製成的螢幕外殼更是加強了這種「通透感」。

OLED 照明

照明產品是 OLED 另一重大應用領域，和傳統的照明相比有更多優點，譬如具有無紫外線、無紅外線輻射、光線柔和、無眩光、無頻閃、光譜豐富、顯色品質高等，是一種健康的照明光源，將來可應用於通用照明，以及博物館、汽車等特殊照明。與顯示產品一樣，由於本身是全固態裝置，同樣可以實現柔性照明、透明照明等。

06 OLED 之夢
OLED Dream

照明燈具

近些年來，學生近視眼發病率持續成長。導致近視的原因是多方面的，有升學壓力、用眼不當等，其中照明品質差是重要的原因之一，健康的護眼照明有待被研製和開發。OLED 作為直流驅動的面光源，所擁有的無頻閃、無眩光、光線柔和等特點決定了其非常適合護眼燈的領域，將成為未來護眼燈的主流。

博物館照明

博物館以及陳列室照明也是 OLED 照明的應用領域之一。由於展覽品最怕受到紅外線、紫外線及熱量的影響，而有機半導體照明具有無紫外線、紅外線、低熱等特點，恰能滿足這一需求。雖然在產業發展的初期 OLED 照明產品價格偏高，但相比於高價值的展覽藝術品，OLED 照明依然是不錯的選擇。

家居裝飾照明

有機半導體照明具備柔軟、可任意裁切的特性，具有很強的可塑性，還可以實現透明照明，為設計者提供了多樣化的設計空間。此外，有機半導體照明發光光譜中藍光所占比例比日光燈或 LED 燈等都要低，與燭光等低色溫產品接近，具有超高的顏色還原性，將是夜間照明的最佳選擇。

植物生長照明植物工廠是未來的發展趨勢，栽培設施內的人工光環境對蔬菜生長影響重大，是實現高產優質的首要條件。僅靠自然光照已經遠不能滿足現代種植的需求，因此人工光源被普遍採用。有機半導體

照明的發光光譜連續，接近自然光，不發熱，光亮和光質均可調節，無毒、無汙染，作為農業領域促進植物生長的光源非常合適，將來再能結合工程學科、園藝學科，將對發展設施栽培產業意義重大。

醫療照明

　　OLED 照明還可以用於醫學領域，例如，用於嬰兒黃疸的治療。以往治療黃疸採用藍色螢光燈照射的方式，為了保護嬰兒眼睛會將其雙目遮蔽。OLED 照明由於具備可調旋光性質，可保護接受治療嬰兒的眼睛；同時由於 OLED 具有柔性的特點，還可做成如棉被一樣的黃疸治療工具；另外，OLED 照明也能用於手術室照明，作為一種面光源，照明時不會有陰影及照明死角，且散熱低，因此非常適合像手術室這樣有高標準要求的環境需求。

汽車照明

　　除了可用於汽車內部照明，透明的 OLED 照明還可安裝於車頂天窗，使汽車別具風格。另外，OLED 固有的漫反射、面發光的特點將使這項技術成為汽車尾燈和煞車燈的最理想光源。

　　OLED 照明正在逐步進入其適合的領域，隨著技術的發展和市場的開拓，相信還會有更多待開發的未知應用領域，OLED 照明將成為照明應用市場上的新霸主。

6.7
OLED 為人類提供更美好的生活體驗 ·····················

　　將化學與材料、電子、機械、物理、半導體技術相結合，人們創造出了 OLED 這項新型顯示技術，這項技術正在引起全球多個平板顯示強國的關注和重視，並被列入未來新技術開發的重點。伴隨著 OLED 柔性、透明技術的進一步發展，未來這項技術將不僅用於手機、平板電腦、電視等領域，還會應用於更多新的領域，使越來越多的人得以體驗其優異的視覺效果。

　　雖然目前 OLED 的市場規模還比較小，但是伴隨著這項技術的改進，相信其將會擁有更廣闊的發展空間。

　　實際上，OLED 技術只是有機電子學的一個小分支，有機電子學包括有機太陽能電池、有機場效應電晶體、有機感測器、有機儲存器等，這些技術都正發揮著自身獨特的作用。以有機太陽能電池為例，作為一項清潔能源技術，它可以與水力發電、風力發電、核能發電等相互補充，這種多層次的供電體系既可以保證社會正常運轉，也充分利用了資源。

　　科學家和工程師們正利用自身的專業知識，使我們生活的環境更加綠色環保，以此獲得更好的生活體驗。同時，也希望更多有遠大抱負的同學加入到有機光電子學和化學的研究中來，讓我們的世界變得越來越美好！

07

複合材料
Composite Materials

彷彿是一個生靈，

輕質、高強、長壽；

可以智慧感測，可以自我修復；

從天上到地下，從人體內到飛船中；

看似混搭，勝似混搭；

這就是神奇的複合材料，前景光明，不可預料。

07 複合材料
Composite Materials

把優點發揮到極致
Advantages to the Extreme

　　複合材料由兩種或兩種以上不同性質的材料複合而成，具有輕質高強、可設計性好、耐腐蝕效能好、介電效能優良和成型製造方便等優點，因此被廣泛用在航空太空、交通運輸、化學化工、電機電工、建築材料、體育用品等領域。隨著奈米材料、石墨烯等新材料新技術的發展，不斷湧現出許多像奈米複合材料、生物複合材料等新型複合材料。複合材料發展前景光明，發展潛力龐大，未來在許多領域都有待我們創新性地去開發、應用。

7.1
複合材料的由來

　　西安半坡村遺址考古發現，早在七千多年前的人們就使用草拌泥製成牆壁、磚坯，以增加房屋的牢固程度，這是人類早期使用複合材料的先例。

　　出現在四千年以前的漆器是現代複合材料的雛形，它用絲、麻織物作為增強材料，生漆為黏合劑一層一層鋪貼在模具上，生漆固化後從模具上脫下來製成漆器。用這種方法製成的漆器表面光潔、經久耐用。保存在揚州的鑑真法師漆器像，距今已有一千多年，仍保存完好。漆器不但具有實用價值，而且具有藝術收藏價值。

　　現代複合材料的應用始於第二次世界大戰期間，當時美國用玻璃纖維織成的布增強聚酯樹脂製造了軍用飛機的雷達罩、機身、機翼等。「二戰」結束後，這種材料迅速擴展到民用，風靡一時。發展到今天，複合

材料已經在航空太空、電機電工、交通運輸、化學化工、體育用品、綠色能源、醫療器械等工業部門得到了廣泛應用。現代複合材料主要是指樹脂基複合材料（用樹脂作為黏合劑，將纖維增強材料黏合在一起形成產品）、金屬基複合材料、陶瓷基複合材料，其中以樹脂基複合材料產量最大、用途最廣。

材料為什麼要複合

以樹脂基複合材料為例，複合材料是以玻璃纖維、碳纖維、芳綸纖維等為增強材料，環氧樹脂、酚醛樹脂、不飽和聚酯樹脂、聚丙烯、尼龍等合成樹脂為基體材料，採用纏繞成型工藝（纖維增強材料浸了樹脂以後纏繞在一定形狀的模具上，樹脂固化後得到產品）、模壓成型工藝（將樹脂和纖維增強材料混合後放入模具中，加熱加壓使樹脂固化得到產品）、樹脂傳遞模塑成型工藝（將纖維增強材料預先鋪設到模具中，再將樹脂注射到模具中，樹脂固化後得到產品）等工藝方法製造複合材料產品。不同的增強材料、不同的樹脂基體、不同的成型工藝可以製造許多種不同應用要求的複合材料產品。如果將複合材料比作我們人體，增強材料的作用就如同人體的骨骼、樹脂基體如同人體的肌膚，將兩者複合在一起，使複合材料的效能明顯優於單一材料。

材料的拉伸強度是指材料斷裂時單位面積上受到的載荷值。纖維增強材料類似於我們常見的繩子，儘管它的拉伸強度很高，卻不能承受壓縮應力和彎曲應力。單根纖維的拉伸強度很高，但是將幾百根幾千根纖維放在一起時，因為這些纖維不能同時受力，拉伸強度會大幅度下降，纖維的整體效能不能得到充分發揮。這時我們採用一種黏接力很強的黏合劑將這些纖維黏接起來形成一個整體，黏合劑造成分散應力和均衡應

力的作用，使每根纖維都分擔一些應力，纖維的效能就能得到充分發揮（圖 7.1）。製成的複合材料不但具有很高的拉伸強度，而且還具有很高的彎曲強度和壓縮強度；複合材料的拉伸強度和衝擊強度要比基體樹脂高 30 倍左右，彎曲強度高 10 倍左右。所以複合材料的整體效能不但大大優於增強材料，也大大優於基體樹脂。

什麼是基體材料？前面多次提到的基體材料，在複合材料中發揮著非常重要的作用，那麼基體材料到底是什麼材料？其實基體材料大部分屬於高分子材料，也就是我們通常所說的樹脂。割開松樹後流出的分泌物就是一種天然樹脂，用來製造漆器的生漆也是一種天然樹脂，但是因為在效能上和產量上的局限性，天然樹脂完全不能滿足現代工業對樹脂的需求。隨著化學工業的發展，合成樹脂應運而生。

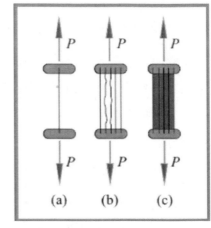

（a）單根纖維強度高。（b）由於不能同時受力，多根纖維時強度會大幅度下降。（c）用黏合劑將多根纖維黏合在一起，使每根纖維都分擔一些應力，從而提高纖維的強度。

圖 7.1 纖維受力情況示意圖

合成樹脂的製造是將含有活性基團的低分子化合物聚合形成相對分子質量很大的高分子，如果把低分子化合物比喻成小鐵圈，那高分子就類似於很多小鐵圈扣在一起形成的鐵鏈。如果樹脂分子中含有兩個以上能進一步反應的活性基團，我們稱之為熱固性樹脂。在複合材料製造過程中，在加熱或催化劑作用下，熱固性樹脂的分子與分子之間可以透過活性基團的反應聯接起來，此反應稱為交聯反應，也稱為樹脂的固化反應。透過交聯反應，樹脂的分子結構由線型結構變成了三維（3D）立體

網狀結構，圖 7.2 是不飽和聚酯樹脂合成和固化過程的示意圖，以鄰苯二甲酸、順丁烯二酸和丙二醇為原料，在 180～210℃透過縮聚反應合成不飽和聚酯樹脂，然後在複合材料成型時與苯乙烯進行自由基共聚反應生成 3D 網狀結構。3D 網狀結構的樹脂在高溫下不熔融，具有很好的耐熱效能，有些樹脂在強酸作用下也不會被破壞，具有很好的耐腐蝕效能和綜合效能。

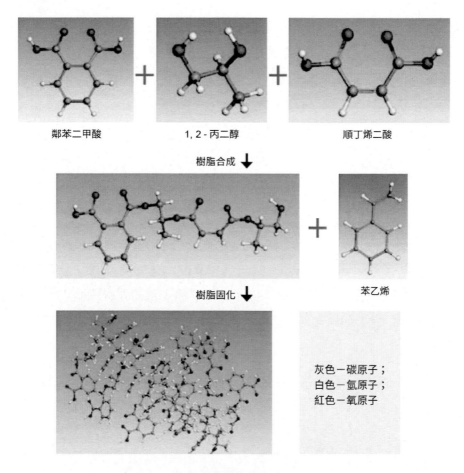

圖 7.2 不飽和聚酯樹脂的合成和固化過程

07 複合材料
Composite Materials

纖維增強材料和樹脂基體之間如何連接

　　纖維增強材料以玻璃纖維為例，它是一種無機非金屬材料，如果是矽酸鹽玻璃纖維，其主要成分是二氧化矽，可透過新增一些鹼金屬氧化物（如 Na_2O，K_2O 等）或鹼土金屬的氧化物（如 CaO，MgO 等）以改善其效能；樹脂基體是有機高分子材料，以源自於石油化工、煤化工、動植物等基礎有機化合物為原料，透過聚合反應得到。要將兩種性質完全不同的材料複合在一起，則需要解決無機材料和有機材料之間的界面黏接問題。複合材料的界面面積極大，例如，質量為 1g，2mm 厚玻璃，其表面積為 $5.1cm^2$；而質量為 1g，直徑為 5μm 的玻璃纖維的表面積則為 $3,100cm^2$，所以用玻璃纖維與樹脂基體製成複合材料後就形成極大的界面面積。因此，界面效能成為影響複合材料效能的重要因素之一。為了提高複合材料的界面黏接效能，科學家發明了一種叫偶聯劑的化合物。圖 7.3 所示的是一種矽烷偶聯劑的分子結構，偶聯劑的一端含有能與玻璃纖維進行化學反應的活性基團，另一端含有能與樹脂基體發生化學反應的活性基團，透過偶聯劑與增強材料和基體材料的化學反應，將玻璃纖維和樹脂體透過化學鍵黏接在一起，形成一種牢固的黏接，偶聯劑在複合材料界面上反應形成的分子結構如圖7.4 所示。大量的研究和應用結果顯示：只要極少量的偶聯劑就能大幅度提高複合材料的綜合效能和使用壽命，這就是化學的神奇之處。

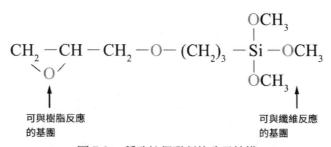

圖 7.3 一種矽烷偶聯劑的分子結構

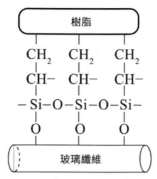

圖 7.4 偶聯劑在複合材料界面上反應形成的分子結構

7.2
複合材料的特點和應用 ·······································

製造金屬材料產品時，先透過冶煉製造金屬板材、金屬棒、金屬管等，再用這些材料透過車、鉗、刨、沖壓、銲接等工藝製造出產品。與傳統金屬材料不同，複合材料的材料製造和產品製造是一次完成的；複合材料是一種可設計的材料，可以根據不同的用途要求，靈活地進行產品設計。對於結構件來說，可以根據受力情況合理安排增強材料，達到節約材料、減輕質量等目的。複合材料具有質量輕、強度高、可設計性好、耐化學腐蝕、介電效能好、耐燒蝕等很多優點，在航空太空等工業部門得到廣泛應用。

輕質高強的複合材料

碳纖維增強樹脂基複合材料的密度為 $1.4g/cm^3$ 左右，只有碳鋼的 5 分之 1，比鋁合金還要輕 2 分之 1 左右，而機械強度卻能超過特殊合金鋼。在航空、太空部門，通常用比強度來衡量材料輕質高強的程度，比

07 複合材料
Composite Materials

強度是指強度與密度的比值,若按比強度計算,碳纖維複合材料是特殊合金鋼的 5 倍多。複合材料的輕質高強特性,其他材料是無法企及的,用其製成的交通工具,燃料消耗大幅度降低,安全效能大大提高,因此,複合材料是一種低碳、安全的材料。

輕質高強的複合材料,已經在以下領域得到廣泛應用。

(1) 在航空、太空方面的應用

在航空方面,複合材料主要用作為戰鬥機的機翼蒙皮、機身、垂尾、副翼、水平尾翼和雷達罩等主承力構件。

為什麼要用複合材料製造飛機?複合材料在戰鬥機上的使用,大幅度降低了戰鬥機的重量。由於複合材料構件的整體性好,極大地減少了構件的數量,減少連接,有效地提高了戰鬥機的安全可靠性。

複合材料在戰鬥機上得到成功應用後,逐漸轉向用於商用飛機,特別是在大型商用飛機上,複合材料被大量使用,其中在波音 787、空中巴士 350 飛機中複合材料的用量已經達到 50% 左右。正是由於這種輕質高強複合材料的使用,使特大型客機的製造成為可能。波音 787 的筒形機身就是用碳纖維增強的樹脂基複合材料透過纏繞成型製得的。由於商用飛機體積大、數量多,所以複合材料在航空工業中的用量快速成長。

複合材料在太空方面的應用主要用於飛彈的殼體、太空梭的構件、國際太空站、衛星構件等。

用複合材料製造的飛彈殼體比高級合金鋼殼體的質量輕很多,因此,可以大幅度提高飛彈的射程。現在先進的戰略飛彈和防空飛彈的殼體多是採用芳綸纖維增強的環氧樹脂複合材料製成的。

用複合材料製造人造衛星的優勢是什麼?人造地球衛星的質量減輕 1kg,運載它的火箭可減重 500 ~ 1,000kg,因此用輕質高強的複合材料

來製造人造衛星具有非常大的優勢。現代衛星所用材料中 90％以上是複合材料。用複合材料製造的衛星部件有儀器艙本體、框、梁、桁、蒙皮、支架、太陽能電池的基板、天線反射面等。

　　在航空太空領域，還有一種重任在肩的碳／碳複合材料。碳／碳複合材料是碳纖維及其織物增強的碳基體複合材料，是載人太空梭和多次往返太空飛行器的理想材料，用於製造宇宙飛行器的鼻錐部、機翼、尾翼前緣等承受高溫載荷的部件。由於固體火箭發動機噴管的工作溫度高達 $3,000 \sim 3,500$℃，為了提高引擎效率，還要在推進劑中摻入固體粒子，因此固體火箭引擎噴管的工作環境可概括為高溫、化學腐蝕、固體粒子高速沖刷，而碳／碳複合材料卻能承受這樣的工作環境。

（2）在交通運輸方面的應用

　　複合材料在交通運輸方面的應用已有幾十年的歷史，先進國家複合材料產量的 30％以上用於交通工具的製造。由於複合材料製成的汽車質量較輕，在相同條件下的耗油量只有鋼製汽車的 4 分之 1。而且在受到撞擊時複合材料能大量吸收衝擊能量，從而保障了人員的安全。因此，用複合材料製造的汽車具有節能、環保、安全等特點，符合汽車發展的趨勢。用複合材料製造的汽車部件較多，如車體、駕駛室、擋泥板、保險桿、引擎罩、儀表板、驅動軸、板簧等。

　　隨著列車速度的不斷提高，用複合材料來製造列車部件也是很好的選擇。複合材料常被用於製造高速列車的車箱外殼、內裝飾材料、洗手間、車門窗、水箱等。

　　用複合材料製造的船舶，具有燃料消耗低、外觀漂亮、耐海水腐蝕性好、維護費用低等優點，因此被廣泛用於製造漁船、快艇、豪華遊艇等，目前絕大部分的快艇和遊艇都是由複合材料製造的。

（3）在綠色能源方面的應用

　　複合材料在綠色能源領域的貢獻重大，用複合材料製成的風力發電機葉片具有力學效能好、質量輕、耐腐蝕、製造容易等優點。1 臺 2MW 的風力發電機，製造三個葉片與一個機艙罩，複合材料的總用量在 10t 左右，其中單個葉片的長度為 37.5 ～ 40.5m。1 臺 5MW 的風力發電機，單個葉片的長度為 60m 左右。風力發電機越大其葉片越長、越重，則需要輕質高強的複合材料就越多。

　　在體育用品方面的應用，複合材料被用於製造賽車、賽艇、撐杆、球拍、弓箭等。用碳纖維增強環氧樹脂製造的賽艇非常輕，能有效地提高比賽成績。

　　用複合材料製成的頭盔同樣具有質輕、抗衝擊效能強等優點。當頭盔受到衝擊時，大部分衝擊能量能被頭盔吸收掉，從而保護了頭部的安全，因此，頭盔是賽車時必不可少的防護用具。

　　在建築工業方面的應用，玻璃纖維增強的樹脂基複合材料具有優異的力學效能，良好的隔熱、隔音效能，吸水率低，耐腐蝕性能好和很好的裝飾性等特性，因此，它還是一種理想的建築材料。在建築上，複合材料常被用於製成承重結構、圍護結構、冷卻塔、水箱、衛浴設備、門窗等。用複合材料鋼筋代替金屬鋼筋製成的混凝土建築具有更好的耐海水腐蝕效能，並能極大地減少金屬鋼筋對電磁波的封鎖作用，因此這種混凝土適合於碼頭、海防構件等，也適合於電信大樓等建築，能避免大樓裡存在手機訊號死角。

　　複合材料在建築工業方面的另一個應用是用於建築物的修補，當建築物、橋梁等因損壞而需要修補時，用複合材料作為修補材料是一種理

想的選擇，因為用複合材料對建築物進行修補後，不僅能恢復其原有的強度，而且有很長的使用壽命。特別是發生地震以後，需要修補大量受損的建築物和橋梁時就特別需要這種複合材料。在建築物修補時常用的複合材料是碳纖維增強的環氧樹脂基複合材料，這種複合材料的力學效能優異，用其修補的建築物更加堅固，目前已經被廣泛採用。

介電效能好的複合材料

離不開複合材料的還有電機、電工和電子行業。玻璃纖維增強的樹脂基複合材料具有優良的介電效能，可用作電機、電器的絕緣材料。由於複合材料具有絕緣效能好、力學效能優良等特點，在電機、電工、電子等行業已經得到廣泛應用。例如，每臺家用電器（如電視機、洗衣機、空調等）都要用到電路板，電路板就是表面覆蓋銅箔的複合材料，它是在熱壓機中透過加熱加壓使樹脂交聯固化後製成的。

介電效能好的複合材料還具有良好的透波效能，因此也被廣泛用於製造機載、艦載和地面雷達罩等。

耐酸效能好的複合材料

耐酸效能好的複合材料樹脂基複合材料具有優異的耐酸效能，即使將其浸泡在鹽酸、硫酸等強酸中也不會被腐蝕掉，因此，它是一種優良的耐腐蝕材料。用其製成的化工管、儲罐、塔器等，主要用於輸送和儲存鹽酸、硫酸等腐蝕性物質，具有較長的使用壽命、極低的維護費用等。這種防腐蝕的複合材料產品在發電廠、冶煉廠、化工廠已經得到廣泛應用。

7.3
傷口自癒合複合材料太空梭構件 ·····················

　　太空梭受傷了怎麼辦？隨著人類探索太空、利用太空的活動增多，在地球軌道上的衛星、太空站乃至飛向月球和更遙遠火星的太空梭等也越來越多，這些太空梭一旦受傷了怎麼辦？當動物和植物受傷後，傷口會自己長好，在醫學上叫癒合。科學家模仿動植物的傷口自癒合功能，開發了一種神奇的能使傷口自癒合的複合材料，用這種複合材料製造的太空梭在太空中受傷後能自己癒合傷口，複合材料的力學效能得到恢復，從而大大延長了太空梭的壽命。

　　那麼，複合材料的傷口是怎樣癒合的呢？在製造複合材料時，預先將包了活性樹脂的微膠囊和催化劑分散在複合材料中。微膠囊的結構類似於我們經常吃的雞蛋，一個硬質外殼裡面包著液體樹脂，但是它很小，直徑在 1 ～ 500μm，只有雞蛋直徑的 100 分之 1 左右。當複合材料受傷開裂時，微膠囊的外殼發生破裂，樹脂流出來遇到催化劑後發生化學反應，樹脂則從液態轉變成堅硬的、具有很好力學效能的固態，從而將複合材料的傷口黏合起來（圖 7.5）。

圖 7.5 複合材料傷口自癒合過程

如此神奇的傷口自癒合複合材料是如何製造的呢？

其實，複合材料的種類繁多，生產工藝各異，傷口自癒合複合材料的很多工藝方法也是具有獨特性的，例如，製備樹脂基複合材料有纏繞成型工藝、拉擠成型工藝、樹脂傳遞模塑成型（RTM）工藝、模壓成型工藝等。不同的成型工藝製造的複合材料製品具有不同的效能特點，纏繞成型工藝適合於製造正曲率旋轉體形狀的複合材料製品，如氧氣瓶、燃料倉等壓力容器、航天器的筒形殼體、圓管構件等，這些產品都具有輕質高強的特點。

採用纏繞成型法製備傷口能自癒合的複合材料太空梭構件的工藝過程是：將碳纖維浸漬混合有微膠囊和催化劑的環氧樹脂基體後，在電腦控制的全自動纏繞機上，按一定的規律纏繞到模具上，達到設計所需的厚度後送到固化爐中，在加熱下環氧樹脂發生交聯反應而固化，樹脂固化後將產品從模具上脫下來，就製成了傷口能自癒合的複合材料太空梭構件。這種複合材料太空梭構件在使用中一旦受傷，會自動修復傷口，力學效能得到恢復，從而延長了太空梭的壽命，提高了太空探索計畫的成功率。

用纏繞成型工藝方法製造複合材料構件的關鍵工序之一是產品的固化，由於在固化前產品是軟的，故不能受力，隨著固化反應的進行，產品由軟逐漸變硬，則力學效能有所提高。固化反應達到所需的程度後，力學效能達到設計要求。在產品的固化過程中，環氧樹脂透過與固化劑發生交聯反應，使它的分子結構由線型逐漸變為 3D 網狀結構。也有少量環氧樹脂分子與碳纖維上的活性基團發生反應，使碳纖維與環氧樹脂這兩種性質完全不同的材料透過化學鍵結合在一起，從而大大提高了複合材料構件的效能，延長了複合材料的壽命。包裹有活性環氧樹脂的微膠囊在複合材料製造過程中不受任何影響。

7.4
複合材料的未來 ·····························

　　到目前為止，複合材料從開發、製造到應用已經發展成一個較為完整的工業體系，在許多工業領域已經得到廣泛應用。複合材料在未來的發展主要是在以下幾個方面。

高效能複合材料

　　高效能複合材料是指具有高強度、高模量、耐高溫等特性的複合材料。隨著人類探索太空事業的不斷發展，以及 10 倍音速、20 倍音速空天飛機的研製，航空太空工業對高效能複合材料的需求量越來越大，而且也提出了更高的效能要求，如超高強度複合材料、超耐高溫複合材料等，因此高效能複合材料的進一步研究和開發是複合材料今後的發展趨勢之一。

功能複合材料

　　功能複合材料是指具有透波、燒蝕、摩擦、吸聲、阻尼等功能的複合材料。功能複合材料的應用領域廣泛，這些應用領域對其不斷提出新的要求，許多功能複合材料的效能是其他材料難以達到的，如透波複合材料、耐燒蝕複合材料等。功能複合材料是複合材料的一個重要發展方向。奈米材料的一個重要用途就是製造功能材料，隨著奈米技術的發展，功能複合材料也將得到快速發展。

　　飛機煞車片是一種典型的具有摩擦功能的複合材料產品，是由碳／碳複合材料製得的。

智慧複合材料

　　智慧複合材料是指具有感知、辨識及處理能力的複合材料。在技術上是透過感測器、驅動器、控制器來實現複合材料的上述功能。感測器感受複合材料結構的變化資訊，例如材料受損傷的資訊，並將這些資訊傳遞給控制器。控制器根據所獲得的資訊產生決策，然後發出控制驅動器動作的訊號。例如，當用智慧複合材料製造的飛機部件發生損傷時，可由埋入的感測器（如光導纖維）線上檢測到該損傷，透過控制器決策後，控制埋入的形狀記憶合金動作，在損傷周圍產生壓應力，從而防止損傷的繼續發展。如果該技術在飛機上得到應用，將大大提高飛機的安全效能。

仿生複合材料

　　仿生複合材料是參考生命系統的結構規律而設計製造的一種複合材料。複合材料內部損傷的癒合就是仿生的例項，當複合材料受到損傷產生裂紋後，複合材料本身能自癒合使材料效能得以恢復。這種複合材料在航空太空領域尤其重要，當太空梭（如衛星或空間探測器）在太空中受損傷後，使用這種複合材料可以自己癒合損傷，恢復力學效能，延長了太空梭的壽命。目前這種技術還在發展過程中，有待進一步的完善和提升。

7.5
結束語 ....

　　複合材料效能獨特，製備簡單，適用面廣，是航空太空、電子技術
等尖端技術的基礎和先導，也與我們的生活密切相關。隨著奈米材料、
石墨烯等新材料新技術的發展，像奈米複合材料、生物複合材料等新型
複合材料不斷湧現。複合材料發展前景光明，發展潛力龐大，在許多領
域都急待我們創新性地去開發、應用。

　　複合材料目前尚存在原材料成本高、製造成本高、回收利用成本高
的「三高」難題，影響了複合材料在某些領域的大規模應用，一旦這些
難題被攻克，複合材料將會產生跨越式的發展。

08

病毒製造
Virus Manufacturing

病毒,微小卻並不渺小的生物。在本世紀,病毒是最不容小覷的生物。與病毒並肩的名詞往往是各種可怕的疾病、傷害和恐懼。病毒似乎一直站在人類健康的對角線上。如此可怕的生物卻在科學家的魔術手中,調轉矛頭,將其強大的威力銳變成人類活的能源與材料。

從負到正的大變革
Huge Transformation from Negative to Positive

　　凡事都有正反兩面，病毒這個概念，也許你很熟悉，但未必了解。讓人們談之色變的病毒顆粒，因其獨特的超微結構和非凡的自我複製能力，反過來卻可以被化學化工專家們有所利用，來製造和組裝各種功能結構、介導合成新物質、實現各種新功能。以 M13 噬菌體病毒為例，作為奈米級的絲狀生物模板，透過對其 p8 和 p3 等衣殼蛋白的基因進行改造，M13 噬菌體已在新型電子材料和病毒電池開發、重金屬和化學品汙染清除、介導靶向給藥、醫學診斷或檢測、化學工業新型催化劑製備、生物感測器開發和痕量化學品檢測等諸多領域發揮了強大的作用

8.1
病毒製造——從大千世界說起

　　大千世界，生機盎然，蘊含著無數神奇的奧祕。宇宙無垠，日月輪轉，星空明滅閃爍。海闊天高，魚躍鷹飛，陽光普照大地。種子破土萌發，花朵迎風綻放，數不清的細菌、真菌和病毒在水中、在空氣中、在土壤裡、在肉眼看不見的世界中分裂繁殖，生滅輪迴。不管是動物、植物還是微生物，都是幾億年自然進化的產物。生物的世界，是「活」的世界，生物體內，無數新陳代謝反應在瞬間發生；細胞內，一個個超微的核糖體機器在精密地加工合成著各種功能的蛋白質。基因在複製，資訊在傳遞，生命在傳承不息。

　　我們聞之色變的「病毒（virus）」，也在時時刻刻地進行著複製和擴增。病毒這個概念，也許你很熟悉，但未必了解。它是由蛋白質外殼與

一個被包裹、保護的核酸分子（DNA 或 RNA）構成的非細胞形態的、靠寄生生活的生命體。提起病毒，它使人們感到恐懼的重要原因是它看不見、摸不到，但卻能夠快速侵染活體細胞（宿主細胞），並且以超乎人想像的速度利用宿主的細胞系統進行複製和擴張。作為地球上最微小的非細胞生物和病原體，病毒幾乎能感染所有的細胞型生物並影響其生命活動的正常進行。從常見的感冒、肝炎，到流行性出血熱、愛滋病和某些癌症類型，以及禽流感、非典型肺炎……人類相當多的傳染病都是由於病毒的感染所引起的。數百年來，醫生們想盡一切辦法來阻斷有害病毒的繁殖。

　　但是，凡事都有正反兩面。恰恰是病毒的這種超微結構和非凡的自我複製能力，反過來被化學化工專家所利用製造和組裝了使人類從中受益的各種功能結構。利用生物體系實現化工產品生產的生物化工技術，是化學化工的一個重要方向。「活」的生物體，擁有最神奇的化學分子合成、新物質創造的能力。形形色色、形態各異的微生物，包括病毒，都是生物化工的主要研究對象。

　　病毒顆粒的大小，通常都處於奈米級別（10^{-9}m）。和 DNA、RNA、蛋白質等生物分子一樣，病毒的衣殼蛋白、內表面和中間界面都可以進行基因工程改造或化學修飾。作為奈米級的生物模板，病毒在新型電子材料和電池開發、化學工業催化劑製備、生物感測器開發和痕量化學品檢測，以及重大疾病治療等許多領域將發揮強大的作用。小病毒，大貢獻，病毒製造的時代，正在向我們走來。

8.2
病毒製造的科學基礎 ··

　　病毒是目前已知的結構最簡單的、「活」的生命單位。自然界中存在著各種不同形態和不同功能的病毒。其中有些病毒侵染的對象是特定的微生物或植物，對人類安全無害，比如，絲狀的 M13 噬菌體、球狀的 MS2 和 T7 噬菌體、長桿狀的菸草花葉病毒、多面體形狀的豇豆花葉病毒等。對人體無害的噬菌體病毒或植物病毒顆粒，由於具有合適的奈米級尺寸、明確的結構、可以進行基因工程操作、能夠實現自我複製、增殖和自組裝等特性，成為病毒製造的核心對象。

　　1 奈米（nm，10^{-9}m）的長度到底有多長呢？想像一下，我們自己的一根頭髮的直徑大約為 0.05mm，把它徑向平均切割成 5 萬根，每根的直徑大約為 1nm。這要在放大 100 萬倍的高解析度電子顯微鏡下才能看得見。作為科學研究焦點的「奈米技術」，通常就是指在 0.1 ～ 100nm 尺度範圍內對原子和分子進行操縱和加工的技術。在這麼微小的尺度上進行操作，尤其是對「活」的病毒進行基因、結構和功能改造，真是太神奇了！

　　那麼，化學化工專家為什麼要採用奈米級別的「病毒」顆粒作為模板，來製造所需要的分子機器或材料，實現所期望的功能呢？

　　原來，在奈米尺度下的幾個、幾十個原子或分子，能夠顯著地表現出許多全新的特性。例如，當材料的尺寸降低至奈米尺度時，其表面結構和電子性質會發生顯著改變，會產生表面效應、量子尺寸效應、量子隧道效應及庫侖阻塞效應等新性質，使得奈米材料往往在光、熱、力、電、磁等物理效能和化學效能上表現出與相應的宏觀材料所不同的特性和功能。例如，晶粒尺寸在奈米量級的金屬催化劑具有更高的催化活

性、選擇性和更好的穩定性。作為最廉價的金屬催化劑，鐵廣泛應用於 CO 和 H_2 反應生成烴的費托反應（Fischer-Tropsch）中。研究顯示，小到奈米級別的鐵奈米顆粒的催化活效能夠提高到傳統材料的 6 倍左右。

　　另一方面，生物是幾億年自然進化的產物，擁有最神奇的靶標定位和檢測以及材料合成、加工和實現特定功能的能力。例如，抗體蛋白能夠在成千上萬個配體分子中尋找到自己特異性辨識的抗原並與之結合，兩條單鏈 DNA 分子依靠鹼基之間特定的互補配對規則精確自組裝形成雙螺旋結構，酶分子可以特異並專一地與特定的底物結合進行高效催化反應等等。生物體中這些獨特的效能，往往是用常規的方法很難或無法達到的。對於具有精確組裝結構的病毒顆粒，結合現有成熟的基因工程和蛋白質改造技術，就能迅速得到大量具有特定結構的病毒單元，在此基礎上對其進行改造以達到預期目的。

　　因此，科學地利用病毒的自我複製和自組裝能力，將會使病毒反過來為人類所利用。利用天然的或基因改造後的病毒顆粒來完成預期的任務，將為我們製造各式各樣的產品，實現各式各樣的功能，包括化學分子合成、化學反應催化、新材料和新裝置開發與製備、痕量化學品檢測以及重大疾病治療等，提供行之有效的方法，使我們的化工科技更加飛速地發展。

　　病毒製造的實質，就是一種多學科交叉的生物奈米尖端技術。它將奈米技術和生物體系的獨特優勢相結合，藉助迅速興起的生物奈米技術，模仿生物系統的能力來轉化和傳輸能量、創造生物質、合成專用有機化學品、實現特異性辨識和檢測、發送和傳導訊號、儲存資訊、進行有序和可控運動、自組裝和複製等，這些都構成了生物奈米技術的主要研究內容。

簡單地說，只要我們改造病毒的基因，就能夠得到我們需要的特殊病毒結構，從而具有精心設計的新功能。

以對人體無害的絲狀 M13 噬菌體（filamentous M13 phage）病毒為例。與其他病毒顆粒一樣，M13 噬菌體病毒也被自然賦予了奈米級的、非常精巧的結構。野生型 M13 噬菌體的結構，長 800～900nm，直徑 6～10nm。它的單鏈環狀 DNA 分子有 6,407 個鹼基，編碼噬菌體的 11 種蛋白，其中，最終成熟的噬菌體顆粒由 5 種衣殼蛋白（也叫做結構蛋白）組成，包括周身包覆的 p^8 衣殼蛋白（有時也寫作 pVIII 蛋白或 g^8p）、一個末端的 p^3 衣殼蛋白（pIII 蛋白或 g^3p）和 p^6（pVI 或 g^6p）以及另一個末端的 p^7（pVII）和 p^9（pIX）衣殼蛋白。其他 6 種由其 DNA 編碼的蛋白僅出現在 DNA 複製和噬菌體裝配的過程中。

在 M13 噬菌體的 5 種衣殼蛋白中，應用最廣的是末端蛋白 p^3 和周身蛋白 p^8，這兩種蛋白透過基因改造可以實現各種新功能。在高解析度電子透射電鏡下，一個 M13 噬菌體分子的形貌為細長絲狀。M13 噬菌體表面是 2,700 個複製的主要衣殼蛋白 —— p^8 蛋白（基因 gVIII 的表達產物）。成熟的 p^8 蛋白呈螺旋狀，含有 50 個氨基酸殘基，在噬菌體表面按五倍螺旋對稱重複排列形成柔性圓柱體衣殼，將單鏈環狀 DNA 包裹於其內。

在噬菌體的一端，是 5 個複製的次要衣殼蛋白 —— p^3 蛋白（基因 gIII 的表達產物），它透過 p^6 蛋白附著在噬菌體顆粒上，是噬菌體吸附宿主細胞所必需的。

這些蛋白的結構由它的單鏈 DNA 基因決定。透過剪下、插入和連接新設計的基因序列到 p^3 或 p^8 等基因的上游，擴增後的新 M13 噬菌體就可以在相應衣殼蛋白的末端展示出新的精細結構，並具有相應的新功能，比如，特異性地吸附不同的金屬離子。

M13 噬菌體特異性侵染雄性大腸桿菌（帶有由 F 質粒編碼的性菌毛）。侵染過程為：M13 噬菌體透過末端的 p3 蛋白結合大腸桿菌的性菌毛，再去除蛋白外殼並將噬菌體 DNA 注入到大腸桿菌內。被 M13 感染的大腸桿菌不會裂解，而是繼續生長和分裂，但生長速率較未感染時低。

每個宿主細菌細胞每代可產生幾百個病毒顆粒，從細胞內釋放後就可以在培養液中大量累積，產生不計其數的具有新外殼結構的 M13 病毒顆粒，其在細菌培養液中的滴度常大於每毫升 10^{12}PFU/mL（病毒計數單位）。

這樣，用基因改造後的噬菌體侵染大腸桿菌來進行擴增，即可獲得大量的具有新衣殼蛋白結構的噬菌體，可將其應用於能源、環境、醫藥等各個領域。

8.3
病毒製造的大事業 ···

改造基因使我們獲得了需要的病毒。掌控了病毒改造的規律，那麼對它的應用就可以拓展到我們生產和生活中的各方面。

製造病毒電池

首先，讓我們來看如何利用 M13 病毒顆粒來製造病毒電池。

大家都知道，兩百多年來，電池已經跟我們的日常生活息息相關。小到手機、照相機，大到筆記型電腦、電動汽車，電池無處不在。

在眾多不同的電池中，鋰電池具有許多獨特的優勢，比如額定電壓

高、自放電低、使用壽命長等。然而，鋰電池在使用過程中仍然具有一些缺點，比如內阻大、成本高、待機時間仍然不夠長等等。以手機為例，目前普遍使用的鋰離子電池平均待機時間一般只有幾天，遠遠不能滿足需求。那麼，造成電池電量不夠充足的原因在哪裡呢？

先讓我們看看常規鋰離子電池是如何產生電的。

鋰離子電池由正極、負極和電解液組成。正極材料通常採用磷酸鐵鋰；負極採用石墨；電解液採用鋰鹽的有機溶劑溶液，以提供鋰離子。正極材料的鋰離子嵌入位點越多，電池電量越大，其工作原理如圖 8.1 所示。當常規的磷酸鐵鋰作為正極時，提供的鋰離子嵌入位點數量還不夠多，因此不能滿足手機電池長時間待機的需求。

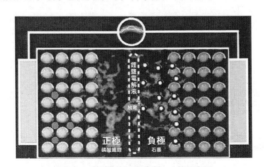

圖 8.1 鋰離子電池的工作原理

在這個問題上，美國麻省理工學院的 Belcher 教授研究組提出了一個奇妙的構想 —— 開發 M13 噬菌體作為生物模板，來製備病毒電池！

那麼，到底怎樣利用病毒來建構電池呢？首先，Belcher 教授透過對 M13 噬菌體周身 p8 蛋白進行基因工程改造，使之特異性地結合磷酸鐵；接著改造末端 p^3 蛋白，使其能夠特異性地「抓住」碳奈米管。最後，這些特殊的噬菌體分子進行自組裝，裝配成病毒電池的正極和負極石墨，之後，它們與鋰鹽電解液搭建成了高效的病毒電池。

這種奇妙的病毒電池，具有儲能高、體積小、環境友善、常溫自組裝等多種優點。它的功率能夠比鋰電池提升 10 倍！手機的待機時間有望保持數週甚至數月。

清除重金屬和化學品汙染

在環保領域，M13 噬菌體病毒能夠幫助我們淨化被汙染的水。大家知道，對於人類生存具有致命威脅的核汙染通常都是由能夠溶解在地下水中、隨地下水到處擴散的六價鈾離子造成的。把可溶於水的六價鈾高效還原成不溶於水的四價鈾，是治理核汙染的重要方法。應對未來核能發展中的隱患及核子武器的威脅，開發新型的核汙染處理技術，對於人類的可持續發展具有重要的意義。

某大學的研究人員同樣採用基因重組的 M13 噬菌體為模板，首先在溫和條件下快速合成了分散性很好的直徑約為 10nm 的球形單晶面心立方（FCC）-Fe 奈米顆粒，其結構如圖 8.2。

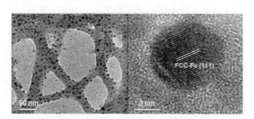

左圖，M13 噬菌體上 Fe 奈米顆粒的電鏡照片；
右圖，高倍電鏡下的 1 個（FCC）-Fe 奈米顆粒
圖 8.2 M13 噬菌體介導合成的面心立方（FCC）-Fe 奈米顆粒

進一步利用 M13 噬菌體和 FCC-Fe 奈米顆粒形成的耦合體系，把攜帶著奈米鐵顆粒的 M13 噬菌體病毒加入到含有六價鈾的汙水中，奈米鐵可以立即和六價鈾發生氧化還原反應，使其快速還原成不溶於水的、2～5nm 的 UO2 奈米晶，沉積在 M13 噬菌體病毒的表面，並可以和病毒顆

粒一起,方便地進行回收。這樣我們就得到了無汙染的水。

在地下水汙染中還有一種常見的汙染物是鎘〔Cd（II）〕離子。鎘可透過食物鏈於生物體內富集,從而引起人體的慢性中毒,對腎、脾、胰等內臟器官和毛髮、骨骼都能產生不同程度的損害。更糟糕的是,鎘離子能夠溶解在水中,隨水到處流動,汙染得到擴散。

利用單質鐵還原鎘離子生成不溶於水的物質是一種有效的汙染治理方法。同樣,利用 M13 噬菌體病毒作為奈米模板材料,能夠製備出均勻分散的奈米鐵顆粒,其平均粒徑只有幾個奈米,而且非常穩定。攜帶著奈米鐵顆粒的 M13 噬菌體病毒加入到含有六價鎘的汙水中,奈米鐵可以立即和六價鎘發生氧化還原反應,使六價鎘快速還原成不溶於水的三價鎘,沉積在噬菌體病毒的表面,並可以和病毒顆粒一起,方便地進行回收,同樣能得到無汙染的水。

但由於水體中奈米鐵顆粒易於聚集成團,或還原生成的鎘顆粒易於覆蓋在零價鐵顆粒的表面,從而導致氧化還原反應效率顯著降低。

如前所述,利用 M13 噬菌體的 p8 衣殼蛋白吸附,可以製備均勻分散的奈米鐵顆粒。進一步採用基因工程方法改造 M13 噬菌體的 p8 衣殼蛋白,可以獲得能夠特異性地辨識和吸附鎘離子的新型基因重組 M13 噬菌體。採用這兩種具有不同吸附特異性的 M13 噬菌體作為鐵和鎘的雙分散體系,不僅可以有效避免鐵奈米顆粒的自聚團效應,還可以避免還原後的鎘奈米晶直接沉積在鐵單質的表面所導致的氧化還原反應程序的中斷,從而顯著提高奈米鐵還原鎘離子的氧化還原反應效率。類似地,受到重金屬鉻、鉛等汙染的水,都可以採用 M13 噬菌體病毒介導的方法來進行處理。不僅如此,一些有機汙染物的治理同樣可以採用類似的方式,例如對氯硝基苯還原等。

介導靶向給藥、醫學診斷或檢測

　　健康問題是全世界一直都在關注的首要問題之一。癌症、愛滋病、腦神經病變、血液疾病等各種嚴重威脅人類健康的重大疾病的診斷和治療呼喚著新理念的發展和新技術的應用。在這一領域，利用病毒顆粒作為篩選方式已經成為尋找新型蛋白和多肽藥物的一個強大而有力的工具，病毒顆粒作為生物模板對醫療的推動作用也同樣引起了人們的強烈興趣和關注。

　　噬菌體展示（phage display）技術是一種大規模生物篩選技術，透過將不同的外源多肽或蛋白與 M13 噬菌體病毒的 p3 蛋白末端相融合，可以建構得到含有大量待篩選多肽或蛋白分子的 M13 病毒文庫。以某個靶標蛋白或重要物質為目標進行生物篩選，就可以快速獲得能和靶向目的物質特異結合的多肽或蛋白分子。這些篩選得到的分子既可以作為一種檢測靶標物質的試劑，也可以作為「追蹤飛彈」，在生物體內定向跑到靶標物質處。

　　例如，癌細胞生長的關鍵一步，就是在血管內皮生長因子（VEGF）與其受體（VEGFR）相結合的刺激下產生新生血管，以對癌細胞提供養料。透過噬菌體展示技術，篩選得到能與 VEGFR 相結合的多肽或抗體蛋白分子，就能阻斷 VEFG 與 VEGFR 的結合，進而抑制癌細胞的生長。類似地，根據對癌細胞生長和免疫抑制機理的不斷研究，並找出其中的關鍵靶標分子（如癌症免疫法中的 PD-1 和 PDL1），就能篩選得到各種遏止癌細胞生長的關鍵藥物分子。

　　此外，當前的癌症治療方案主要是利用化學（化療）或物理（放療）的方法，來達到消滅癌細胞的目的。但這些方法就像沒長眼睛的士兵，對癌細胞和正常的人體細胞不加區分，一視同仁地發起進攻，因此病人在治療過程中會出現很多不良反應。

現在，人們已經篩選到很多能與癌細胞表面受體特異性結合的多肽或抗體分子，將這些分子連接在化療所用的藥物上，就好比替士兵添上了眼睛，可以使他們指哪裡打哪裡，選擇性地去攻擊癌細胞；如果將這些分子連接上成像分子，則可以透過儀器觀測癌細胞，對特異性辨識癌細胞的多肽藥物的靶向定位研究顯示，癌細胞靶向定位多肽 CK3-Cy5 和 CG7C-Cy5 分子把大部分藥物定向到了癌症病灶處，但也有不少集中在腎臟裡，說明癌細胞靶向定位分子的篩選在未來還有很大的改進空間。

利用噬菌體展示技術，同樣可以篩選到藥物分子來檢測對人體構成威脅的病毒和細菌（如愛滋病病毒 HIV、伊波拉病毒等），診斷和治療相關的疾病。透過篩選得到的能與病原體表面抗原相結合的多肽或抗體蛋白分子，結合晶片實驗室（lab-on-a-chip）技術，人們已經做出體積小巧、使用方便的病原檢測試紙。同樣，只要篩選出能與人體血液中各種指標分子相結合的多肽或蛋白分子，就可以製備出各種能快速檢測人體健康狀況的試紙。

噬菌體病毒還可以直接作為載體，用於疾病的治療。例如，在噬菌體 p3 蛋白處連接上靶向定位病原體的抗體分子，而在噬菌體 p8 蛋白上透過化學修飾連接上藥物分子，可以建構得到一個高效的抗病菌奈米藥物，比同等的普通藥物分子效果高出約 20,000 倍。作為基因傳遞載體，噬菌體能夠將藥物基因分子運送到人體細胞中，相比於其他的基因運送載體，噬菌體對人體幾乎沒有任何副作用，且穩定性更好、基因運載能力更強、相對易於製備，從而有希望成為基因治療的一個重要武器。

此外，研究人員還發現，經過基因工程改造，噬菌體模板不僅可以特異性辨識或吸附金屬離子，還能夠特異性結合人類神經細胞，從而作為神經細胞再生的模板，用於人類腦科疾病的治療等。

製備化工新型催化劑

同樣，在化工催化領域，使用基因改造後的 M13 噬菌體病毒，可以輔助製備各種高效催化劑。

大家都知道，催化是化學工業的技術核心，它是涵蓋化學、生物學和材料科學的一門綜合性交叉學科，在能源、環境和生命健康等領域發揮著非常重要的作用。化學工業中 85% 以上的過程依賴催化技術來實現。

催化技術的關鍵就是設計和開發具有高活性、高選擇性和高穩定性的催化劑。在化學工業中，金屬是多數工業催化劑的活性組分。新型金屬催化材料的開發、製備、表徵及其催化作用本質，是未來催化劑研究的主要方向。由於奈米級催化劑在催化效能上表現出突出的優勢，利用生物模板高效製備尺度均一，結構均一的奈米金屬催化劑，也成為生物奈米技術領域的研究焦點。

研究發現，催化劑的催化位點位於金屬表面的晶格缺陷部位，催化活性跟催化劑本身的表面積密切相關。用傳統的乾燥或煅燒方法製備的金屬奈米微球，催化位點在載體表面隨機分布，且不穩定，可以遷移。為了提高奈米催化劑的催化活性和穩定性，Belcher 教授研究小組提出將基因工程改造後的 M13 噬菌體模板與多種金屬氯化物溶液均勻混合再氧化，從而獲得高效奈米金屬催化劑。

利用該方法，Belcher 教授研究小組成功製備了噬菌體耦合的奈米鎳－銠－鈰催化劑，用於乙醇重整製氫反應。結果驚喜地發現，新型催化劑可以使催化反應溫度從 650℃下降到 300℃。

由於氫燃料電池的高產能、無汙染特性，從乙醇原料出發催化重整高效製備氫氣，將為人類成功解決清潔能源問題提供良好的方案。又由

於乙醇能夠從天然可再生的生物質資源大量生產，上述研究路線的成功還保證了氫能源的可持續發展。

另外，Belcher 教授和學生們，還採用 M13 噬菌體分子作為支架，製備了光敏化劑鋅卟啉（ZnDPEG）和氧化銥共組裝的新型光催化劑，成功實現了光催化分解水製氫的氧化半反應，這為人類快速地獲取高效氫能源提供了新思路和新方法。

開發奈米材料和新型檢測裝置

病毒（噬菌體）分子由於具有合適的大小、明確的結構、可以進行基因工程操作、能夠實現自我複製增殖和自組裝等特性，因此還可以被廣泛用於奈米顆粒、奈米線、奈米薄膜以及多層奈米材料的合成等。

隨著科學技術日新月異的發展，人們也越來越關心環境安全與人體健康，因此對痕量化學品的快速、高效、視覺化檢測技術的需求變得越來越迫切。M13 噬菌體病毒模板在新型檢測裝置開發中的應用逐漸進入人們的研究視野。

顯色檢測是一種監控大氣和水體汙染物的常用方法。當被測物經過檢測器後，不同濃度的汙染物呈現不同顏色的變化，從而實現對汙染物濃度的監測。然而，常規的化學檢測方法通常不能直接對大氣和水體中的汙染物進行即時監測，且準確性和靈敏度也通常不夠高，對濃度在偵測極限以外的痕量有害化學品往往無能為力。2014 年在 *Nature Communications* 發表的論文中，研究人員報導了一種將基因工程改造後的 M13 噬菌體自組裝成為具有高特異性的病毒顯色檢測器的方法，有望解決上述問題。這種檢測器由奈米級的、在基底材料上有序排列的 M13 噬菌體束或噬菌體層組成，噬菌體排列結構的微小變化，就會引起光散射的顯著

不同，從而呈現肉眼可見的顏色差異。

當環境中存在待測的痕量化學品並接觸到噬菌體檢測器時，由於這些化學品極性的差異，就會引起噬菌體排列結構的迅速變化，從而導致噬菌體檢測器呈現出顯著的顏色變化。根據待測有機物種類的不同，噬菌體檢測器會進一步產生各種精細的色澤表現。

舉個更為具體的例子，一種在病毒表面展示了能夠特異結合三硝基甲苯（TNT）的多肽的 M13 噬菌體，經提拉法有序排列製備成的病毒檢測顯色感測器，能夠在環境 TNT 濃度低至 300ppb 時，成功將其與其他結構類似的化學物質準確區分開來，給出令人滿意的檢測結果。

8.4
放飛夢想——病毒製造的大時代 ⋯⋯⋯⋯⋯⋯⋯⋯

M13 噬菌體病毒帶給現代化學化工的成就還遠不只於此，它將在更多個領域為我們的生活服務，不僅僅是病毒電池、病毒電腦，未來的病毒產品將會超乎人類的想像，我們可以展望，未來高速公路上奔跑的汽車可以由病毒來驅動，人們身上穿的衣服可以用病毒來保暖⋯⋯。

然而，除了在生命科學、材料科學以及工業生產方面的科學和應用價值外，病毒同樣能作為生化武器而造成人類社會的恐慌。如同核子、雷射等很多新興事物一樣，它們既能造福於人類社會，也擁有摧毀人類文明的能力，其關鍵還是掌握在人們自己的手上，就在於人們如何去應用它們。

既然病毒總是迫不及待地想要擴增，那就讓它們生長吧，只要是按照我們規定和希望的方向，越多越好⋯⋯。

09

生物煉製
Biorefinery

經過千萬年沉積之後，生物在地球深處變成了現代科技社會的動力之源。在地表之上，在廣袤的天地間，春去秋來，生命不斷更新交替。這鮮活的生物體中除了少量的果實被攫取採摘，大量的生命能源正在失落中沉寂。現代科學對生物的研究，已經超越了人們對果腹的理解，跨越了以往對食物的需求。

解決資源和環境問題的金鑰匙
Golden Key to the Challenge of Resource and Environmental Crisis

　　資源、能源與環境與人類的發展息息相關，人類社會的發展需要消耗大量的資源和能源，同時對環境產生不可逆轉的影響。進入 21 世紀，如何協調經濟社會高速發展與資源、能源的短缺以及環境惡化的關係，已成為人類發展所必須面臨的重要挑戰。石化煉製為社會提供基礎的能源產品以及大量的基礎材料和化學品，是推動社會經濟高速發展的重要動力，成為 國民經濟發展的基礎。然而，進入 21 世紀以來，隨著石油資源的不斷枯竭以及石化煉製所帶來的一系列環境問題，人們開始尋找一種新的可持續的發展模式來替代傳統的石化煉製這一重要的基礎工業產業鏈。在這一背景下，生物煉製應運而生。本章就生物煉製與石化煉製的過程進行類比，並就生物煉製目前的發展情況及未來的發展前景做一些介紹。

9.1
石化煉製的過程及其存在的問題 ⋯⋯⋯⋯⋯⋯⋯⋯⋯⋯

　　提起石化煉製，也許你很熟悉這個名詞，但未必了解其內涵和全部意義。我們生活中的一切幾乎都和石化煉製有關。平常我們所見到的天上飛的飛機，地上跑的火車，海上航行的輪船等，所用的燃料都是由石化煉製所產生；我們身上穿的五顏六色的衣服、鞋子、帽子，所用的材料也大多來自於石化煉製；電腦、手機、iPad，這些高科技產品也需要石化煉製為它們提供原材料。

　　那麼，什麼是石化煉製呢？石化煉製的主要原料是石油和天然氣，石化煉製即透過一系列複雜的物理變化和化學反應對石油和天然氣等進行加工，得到人們所需要的產品。從油田裡開採出來的原油，它是一種包含十分複雜的烴類和非烴類化合物的混合物，主要成分是各種烷烴、環烷烴、芳香烴以及在分子中同時含有這幾種烴結構的混合烴，故其沸點的涵蓋範圍可以從常溫一直到 500℃以上，若要對石油進行研究和利用，則需要對石油進行加工處理，以便得到各種用途的石油產品。而石化煉製即是中間的加工處理過程，其中分餾是現在非常常見的對原油的一種處理方法，即利用不同大小分子的沸點不同的原理，將石油分離成若干的餾分，這些餾分經過進一步的加工，如裂化、加氫、重整等工藝，就得到各種產品如潤滑油、石蠟、瀝青等，主要是還能得到能源產品比如汽油、柴油、煤油等。同時石油也可以透過多次加工，生產各種基礎的化工原料，其常用加工途徑有催化、加氫裂化、加氫精製等，然後再透過裂解工藝製取所謂的「三烯三苯」即乙烯、丙烯、丁二烯以及苯、甲苯、二甲苯等重要化工原料，這些基礎化工原料進一步透過現代的有機化學工業體系合成纖維、塑膠、橡膠、醫藥品、化肥、農藥等。圖 9.1 所示為石油天然氣的產品鏈。

　　石化煉製已經滲透在人們生活的各方面，首先石化煉製生產的燃料類產品如汽油、煤油、柴油等成為各國能源供應不可或缺的部分，據猜想全球每年消耗的能源 40％以上都來自於石化煉製。其次石化煉製生產的烯烴和芳烴等基礎化工原料是帶動整個下游化工行業的基礎。石油煉製具有完整的產業鏈，在一個國家現代化的過程中，石化煉製也占有重要地位，石化經濟是各國經濟的重要部分，它成為現代文明的象徵之一，也是一個國家工業化水準的象徵之一。

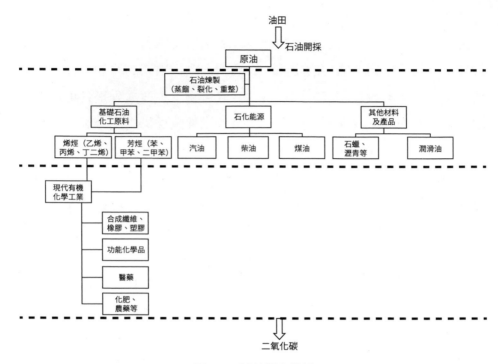

圖 9.1 石油煉製產業鏈

　　然而石化煉製也存在不可忽視的兩個大問題。第一個就是原料問題，石油的形成需要自然界孕育至少 200 萬年的時間，是一種不可再生能源，儲存量有限，無法長期供應人類發展需求，以現階段人類這種極高的開採速度來開採石油，預計石油會在幾十年內就被開採光，再考慮到石化煉製在人類發展中扮演的重要角色，當石油被開採光時就極有可能爆發能源危機，對人類的經濟和社會都會造成重大衝擊。第二個就是環境問題，石油中的碳是經過很長時間才聚集起來，但是石化煉製生成產品後卻經過極短的時間以二氧化碳、一氧化碳的形式放出，則必定會造成二氧化碳的過度排放問題，加劇溫室效應，並且石油中不可避免會

含有硫和氮，加工成燃料後燃燒生成的二氧化硫和氮氧化物也會危害人體健康和汙染環境，環境問題越發嚴重，也越來越受到人們的關注，石化煉製企業也開始著手研發如何降低生產過程中的汙染排放。

9.2
生物煉製的概念

面對資源和環境雙重危機，人類需要找到一種新的可持續的發展模式來替代傳統的石化煉製這一重要的基礎工業產業鏈。在這一背景下，生物煉製應運而生。所謂的生物煉製，就是以地球上可不斷再生的生物質為資源，透過化工與生物技術相結合的加工過程，將其轉變為能源、化學品、原材料等，使其能夠部分或者全部替代石化煉製的產品鏈。

生物煉製的優勢首先展現在原料的選擇上，與石油的不可再生相比，生物煉製所用原料可以是木質纖維素、糖基化學品、生物基油脂、蛋白基材料等生物質資源。地球上蘊含著極為豐富的生物質資源，如遍布陸地的植物以及遍布海洋的微藻等，最重要的是這些生物質資源是可再生資源，這些生物質資源能夠透過生態圈循環不斷再生，取之不盡、用之不竭。據猜想，全球每年能產生相當於 650×10^8 t 碳的生物質，僅需利用小於 10% 生物質資源，即可替代化石資源。且生物質在加工生產的過程中產生的二氧化碳，又可以作為植物光合作用的原料被消耗掉，因此整個過程是一個綠色可循環的生態工業過程，理論上可以實現碳的零排放，不會對環境保護造成龐大壓力，這樣既可解決人類面臨的資源能源危機問題，又減少了環境的壓力，在化石資源被高速開採導致逐漸匱乏的今天，生物質資源是一種非常可行和綠色的替代資源。

09 生物煉製
Biorefinery

透過對自然界大量可再生生物質資源的充分利用，可以同時解決環境與資源之間的矛盾。例如生物煉製就能夠以農業廢棄物為原料進行加工煉製，將農業生產中流失的資源再利用起來，真正做到變「廢」為「寶」，並且能夠減輕農業垃圾造成的環境汙染和土壤問題，其產生的一系列產品也能幫助農村改善經濟狀況，節約能源消耗。地球上還有大量的非糧作物，這些植物不能夠直接成為人類的食物，但是透過生物煉製過程就能將它們分離成木質纖維素、澱粉、油脂、蛋白質等基礎原料。還有海洋上的微藻，微藻在自然界中含量豐富，易於大量培養，並且不占用耕地，也不會因為大量收貨而造成生態系統的破壞，它的光合作用的效率也非常高，生長的週期較短，單位面積年產量是糧食的幾十倍乃至上百倍，而且其幹細胞中含油較高，能夠透過生物煉製合成生物柴油替代石化煉製生產的燃料，是非常理想的生物煉製原料。

9.3
生物煉製過程

生物煉製過程就是將生物質透過物理、化學、生物方法或這幾種方法整合的方法進行成分分離和加工，使其轉化成基礎原料糖、脂肪、蛋白質等，其中糖類化合物可以透過生物催化的方法生產各種不同碳鏈長度的平臺化合物，這些平臺化合物可以進一步透過現代的化學工業體系合成纖維、塑膠、橡膠、醫藥品、化肥、農藥等；油脂類可以透過酶催化的方法合成生物柴油等能源化學品；蛋白質既可以直接作為營養產品，也可以透過進一步的聚合工藝合成高分子材料；當然生物質也可以直接透過熱電處理，直接進行發電。生物煉製也具有與石油煉製類似的

產業鏈結構（圖 9.2），因此理論上，生物煉製可以全部或者部分替代石油煉製過程。生物煉製的發展需要將生物、化學、化工以及工程的技術充分地結合起來，實現對原料的高效、低成本的轉化。

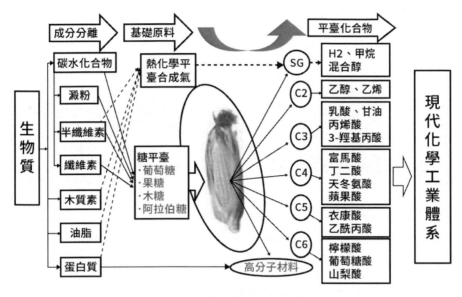

圖 9.2 生物煉製過程的產業鏈

　　以玉米為例，對於生物煉製來說玉米全身都是寶，無論是玉米粒籽還是秸稈及穗軸都可以作為生物煉製的原料。玉米粒籽富含澱粉、蛋白質和油脂等，秸稈又富含纖維素、半纖維素等碳水化合物。透過現代化學加工的方法，可以將玉米進行原料成分分離，獲得澱粉、纖維素、半纖維素、木質素、油脂和蛋白質等基礎原料。這些基礎原料既可以直接作為產品，又可以進行進一步的深加工。其中澱粉、纖維素、半纖維素等碳水化合物進一步在酶催化或者化學催化的作用下分解成五碳糖和六碳糖，這兩類糖可以直接作為微生物發酵的原料合成二碳到六碳的平臺化合物，如乙醇、乳酸、丁二醇等。木質素可以作為原料透過化學催化

生成芳烴類化合物。二碳到六碳的平臺化合物及芳烴類化合物又可以作為基礎的化工原料,透過現代的有機化學工業體系合成纖維、塑膠、橡膠、醫藥品、化肥、農藥等。玉米油脂可以在脂肪酶的催化下合成生物柴油。生物柴油、乙醇、丁醇等可以作為能源產品,用作燃料供汽車、飛機及輪船等使用。由此可見,經過生物煉製,小小的玉米將變成一個資源寶藏,生產出傳統上由石油才能煉製出的各種產品。

9.4
木質纖維素的生物煉製

　　由於木質纖維素原料易得,成本低廉,並且地球上木質纖維原料儲量龐大又可以不斷再生,可以說是地球上最為豐富的生物質資源,因此利用木質纖維素原料進行生物煉製生產各種化學品成為各國研究的焦點。木質纖維素的處理工藝通常包括三個部分,即原料生物質的預處理過程,纖維素酶解過程轉化成微生物能利用吸收的糖類物質,最後透過發酵過程將糖類物質轉化成所需化學品。

預處理過程

　　纖維素類植物細胞壁結構複雜,其主要由三種成分組成,纖維素、半纖維素以及木質素,它們之間還透過各種鍵連接在一起,十分穩定,難以被微生物直接利用,成為限制生物質高效轉化的重要難題之一。纖維素是一種由 D- 葡萄糖吡喃糖基以 1,4-β 苷鍵連接而成的大分子多糖,半纖維素則主要是由幾種不同類型的單糖構成的異質多聚體,這些糖主要是五碳糖和六碳糖,包括木糖、阿拉伯糖和半乳糖等。木質素主要是

由四種醇單體形成的一種複雜酚類聚合物。為了使木質纖維素得到充分利用，對木質纖維素進行適當的預處理以破壞其化學結構，將其中的纖維素、半纖維素和木質素都一一分離開來，再進行進一步的轉化和利用是木質纖維素生物煉製過程的首要環節。

　　預處理的工作原理則是透過一些方法改變纖維素的結構來增加與酶的接觸面積，從而達到提高生產效率的作用。預處理常用的方法有物理法、化學法、物理化學法等，為了得到更好的預處理效果，通常按照原料和工藝需求的不同而採用不同的方法，但是每種方法都有一定的優缺點。其中物理法常用的有剪下和研磨以及高溫分解法，例如剪下和研磨就是透過降低纖維素與木質素和半纖維素之間的物理化學結合，改善原料在後續處理過程中傳質傳熱的效率，但是此法能耗較高，且產物並不穩定，粉碎的物質容易再度結晶化，影響使用。化學法常用的有酸水解，鹼水解以及有機溶劑法等，例如有機溶劑法就是使用有機溶劑和無機酸催化劑混合物斷裂木質素和半纖維素之間的化學鍵，但存在回收試劑的問題，並且可能造成一定的環境汙染。物理化學法常用的有蒸汽爆破法和氨爆破處理法等，例如氨爆破處理法是將原料用液氨在高溫高壓下處理，之後突然降低壓力，使纖維素晶體爆裂，這樣做的優點是不會產生一些對微生物有抑制作用的物質，原料也會得到極大利用，缺點就是對工藝條件要求高，操作也比較複雜。

　　目前預處理技術的難點在於如何有限地降低處理過程的成本，並且進一步降低這一過程中產生的有毒有害物質對後續過程的影響。這一技術還有很大的提升空間，需要進一步的研究生物質原料組成結構以及性質，才能有效分離木質纖維素原料。

酶解過程

　　預處理過程中產生的纖維素，半纖維素等很難為大多數微生物所直接利用。半纖維素可以透過酸催化水解的過程轉化成五碳糖或者六碳糖。預處理過程中產生的纖維素則需要透過酶解轉化成為葡萄糖，作為後續發酵過程的主要原料。酶解過程即在纖維素酶作為催化劑的條件下將纖維素水解的過程。由於纖維素的結構複雜，所以纖維素酶通常是多種酶的混合體系，按催化功能區分主要有三大類，分別為內切葡聚糖酶和外切纖維素酶以及纖維二糖酶，在這三種酶的協同作用下，纖維素分子才能被有效分解。

　　就目前的利用纖維素工藝情況而言，纖維素轉化成還原糖還是制約工藝進步的最大問題，纖維素酶的催化效率一直不高，導致了纖維素降解的成本維持在較高的水準，從而制約了生物煉製的發展，為了降低纖維素酶的生產成本，人們對纖維素酶進行了大量的研究，不僅從纖維素酶的超分子結構著手，越來越深入了解其結構和功能，還研究了能夠大量生產纖維素酶的纖維素分解微生物，以期能夠找到廉價、高效生產纖維素酶的菌種，木黴和麴黴是其中應用最廣的生產纖維素酶的菌株。

發酵過程

　　發酵過程就是利用微生物的代謝功能，使其將加入的碳源，例如纖維素降解產生的葡萄糖或者半纖維素降解過程產生的木糖等，轉化成我們需要的化學產品。不同的微生物具有不同的催化能力，可以將同樣的原料轉變成為不同的產品。發酵過程通常都是先進行高效能生產菌株的選育和改造，然後在人工或電腦控制的生化反應器中進行大規模培養，生產目的代謝產物，最後收集目的產物並進行分離純化，最終獲得所需要的產品。

　　在木質纖維素生產燃料乙醇等化學品的發酵工藝中，首要問題就是菌種的選擇和改造，自然界有很多種能利用糖類生產乙醇的微生物，但由於利用底物的範圍和生產效率各有不同，各種菌種的適用條件也不太一樣。由於纖維素原料在預處理後有相當一部分會降解成木糖，故選用能夠利用木糖的生產菌會占有一定優勢。為獲得較成功的菌種，人們利用生物技術方法對菌種改造，得到不僅能利用包括木糖在內的多種底物，還能在一些有利條件下高效轉化生產乙醇的菌種，當然，如果能找到或建構出能同時降解纖維素並利用降解的底物生產乙醇的菌種，則可極大簡化煉製的過程，使兩個步驟整合為一個。

　　其次，發酵方式也會對發酵過程的經濟效益產生重大的影響。目前利用木質纖維素生產燃料乙醇工藝就主要有四種發酵方式，各有特點。分步糖化和發酵（SHF），即是在酶解後轉到其他反應器進行發酵生產，雖然酶解和發酵都能在各自最理想的條件下生產，但是酶解時由於產物濃度會逐漸升高，此時會極大地抑制纖維素酶的活性，所以酶用量會增加而導致成本過高；由於 SHF 的缺點，人們想到了同時糖化和發酵（SSF），即木質纖維素在一個反應器中酶解和發酵同時進行，這樣就不會有產物對纖維素酶的抑制作用，此發酵方式是現在工藝中比較廣泛應用的方式，但是也有其缺點，就是酶解和發酵不在各自最適宜的條件，這樣也會導致達到不了最高生產效率；同時糖化和共發酵（SSCF），即在 SSF 中增加對半纖維素的酶解和利用其產生的還原糖，此方法不僅有SSF 的優點，還提高了底物的利用效率並降低了生產成本，但是需要利用基因改造得到能夠同時利用纖維素和半纖維素水解還原糖的菌株；聯合生物加工（CBP）是將許多工藝聯合在一個反應器中加工，包括纖維素水解酶的產生、水解糖化、戊糖和己糖的發酵，而整個過程只用單個

微生物或者微生物的一個集合體來進行。這一過程工藝簡單、易操作，但是找到相應的微生物和微生物集合體成為限制該工藝發展的難點。整體看來發酵工藝過程也有許多地方需要深入研究和改進，有很大的提升空間。

9.5
典型的生物煉製產品

雖然目前對生物煉製技術的研究還沒有達到成熟，但隨著研究的逐漸深入，技術也在慢慢發展和進步，現在很多新的生物煉製工藝不斷湧現，相當一部分石化煉製的產品都能夠透過生物煉製過程來製取。目前已經工業化的生物煉製產品主要分為三類：生物能源、生物基化學品，以及生物材料。

▶ 9.5.1 生物能源

由於化石能源的短缺以及人們對環境的日益關注，人類迫切需要開發新的可再生能源來填補未來石化能源短缺造成的能源缺口，生物能源以其原料易得、環保、可再生成為 21 世紀發展可再生能源的重要選擇之一，對於延緩能源危機，促進人類的可持續發展具有重要意義。工業和生產中主要用到的石化能源產品包括汽油、柴油和煤油等。這些產品可以用生物能源中的產品如燃料乙醇、生物柴油等進行部分的替代，以減少對化石資源的過度依賴並減少二氧化碳的排放。以下就介紹兩種典型的生物能源。

燃料乙醇

燃料乙醇是體積分數超過 99.5％的無水乙醇，通常是以玉米、薯類或其他植物為原料，經過發酵、蒸餾後製成的。燃料乙醇能夠與汽油按一定比例混合代替普通汽油，乙醇比例低於 10％時，混合的燃料不會需要對汽車引擎進行改造，這就使得其能減少汽油的消耗量，降低對石油的依存度，提高能源多樣性，燃料乙醇還能使汽車有害尾氣總量下降 33％，產生一定的環保作用。燃料乙醇作為一種新興的、燃燒清潔的可再生能源，已經成為各國發展替代能源的重要研究對象。

生物煉製燃料乙醇的生產工藝主要有兩代技術，第一代是用糖和澱粉為原料，經過液化、糖化、發酵、蒸餾、脫水這五個階段來生產燃料乙醇，目前第一代技術已經趨向成熟，轉化率能達到 90％以上，但是以糧食為原料，成本過高，並且對土地和糧食安全造成一定的影響，這樣導致其發展受到一定制約；第二代則是以木質纖維素為原料，經預處理、酶解和發酵來生產燃料乙醇，第二代工藝前面已提到，由於第二代是利用非糧食原料來轉化為燃料乙醇，該工藝得到各國的大力支持，各國也頒布了許多有利政策，為第二代工藝的發展鋪平道路，例如歐洲和美國都推出補貼計畫，對只有以第二代工藝生產的燃料乙醇給予補貼，雖然該工藝技術發展緩慢，但是在世界各國的努力下，相信會有突破。

生物柴油

生物柴油，燃燒效能與石化柴油類似，其主要成分是長鏈的脂肪酸甲酯（FAME），一般是由脂肪酸甘油三酯與甲醇（或者乙醇）經酯交換反應而得。生物柴油與石化柴油相比具有兩個顯著的優點，一是生物柴油是可再生能源，原料豐富，任何動植物油脂，工業和餐飲上的廢油等

09 生物煉製
Biorefinery

都能作為合成生物柴油的原料加以利用；二是生物柴油比石化柴油更加綠色環保，並能與柴油以任意比例混合使用，其產生的汙染氣體比石化柴油產生的少 70% 左右。

從原料來說，製取生物柴油的原料需要根據不同地區的實際情況考慮，如美國和巴西適合種大豆，就利用大豆油為原料生產生物柴油，而某些國家由於人口密集，每人平均占有的可耕地面積很小，遠遠低於世界平均水準，使用耕地種植油科植物會占用耕地面積，與民爭地。同時近些年新興生物柴油煉製原料微藻具有快速成長能力，油的含量高，培養簡單方便，還能進行光合作用，對溫室效應有一定改善效果，各國也正在開發微藻製生物柴油的方法和工藝。

從製取加工來說，催化合成技術是製取生物柴油的關鍵所在，它至今已經歷了三代。第一代生物柴油技術通常是以植物油為原料在酸或鹼的催化下將脂肪酸甘油酯轉變成為脂肪酸甲酯。由於植物油脂價格昂貴，且存在與人爭糧等問題，這一技術主要是在傳統的農業大國如巴西、美國等得到較大的發展。第二代生物柴油通常是以地溝油或者非食用酯為原料，透過化學法或者酶法將其轉變成生物柴油。

第三代生物柴油催化合成技術主要表現在原料範圍上的開拓，它以微生物油脂或者微藻油脂為原料，生產生物柴油。第一代和第二代生物柴油的催化合成技術經過了多年的發展已日趨成熟，在世界各國實現了大規模的工業化生產，但還需要大力研究解決成本和環境的問題。第三代生物柴油合成技術發展時間較短，但微生物的快速成長、含油量高、能吸收二氧化碳這些特點使其獲得廣泛關注，有望成為主流，逐步取代化石能源。生物柴油是現階段新型生物能源的一個焦點，現在制約生物

柴油發展的一個重要因素就是其原料成本占生物柴油生產成本的 75% 左右，原料的制約導致其生產成本較高。因此，世界各國一方面在努力開發生物柴油原料資源，提高技術水準，降低生產成本；另一方面，大力研究生物柴油深加工技術，拓展生物柴油應用新領域。

▶ 9.5.2 生物基化學品

利用廉價生物質原料生產生物基化學品以替代石化路線是生物煉製產業的重要發展方向。生物基化學品的生產已經有超過半個世紀以上的歷史，一些典型的產品如抗生素、氨基酸等都是透過微生物發酵進行生產的。這裡介紹兩個典型的例子，即氨基酸和 1,3- 丙二醇。

氨基酸

氨基酸是世界上最大的工業發酵產品，可以說是整個工業生物技術發展的縮影。氨基酸是組成生命的基本物質，是構成蛋白質的最基礎單元。氨基酸可以作為營養化學品，還可以作為藥物、飼料新增劑等。麩胺酸是世界上最大的發酵氨基酸，也是發酵工業最重要的產品之一，其主要用途是作為調味品味精的原料。目前全世界麩胺酸的產量達到 300×10^4t 以上。賴氨酸和蘇氨酸也是重要的發酵氨基酸，其產量也分別達到了 150×10^4t 和 100×10^4t 以上。其主要的用途是作為飼料新增劑，可以顯著提高牲畜的生長速度。透過微生物發酵，例如利用麩胺酸棒桿菌或者大腸桿菌可以高效地將葡萄糖等原料轉化成麩胺酸、賴氨酸和蘇氨酸等，產量達到 150g/L 以上。

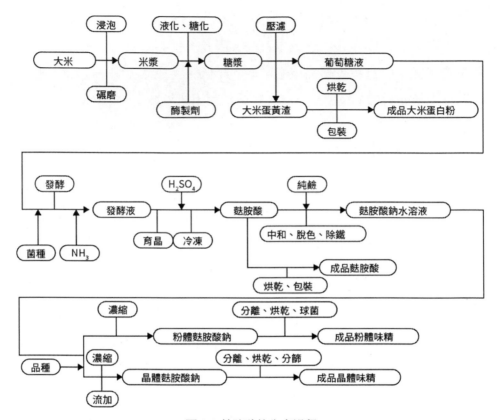

圖 9.3 麩胺酸的生產過程

　　典型的麩胺酸生物煉製過程如圖 9.3 所示。麩胺酸的生產原料包括玉米、小麥、甘薯、稻米等，其中玉米、甘薯等較為常用。麩胺酸生產用的微生物是一種從土壤裡分離的革蘭氏陽性菌，叫做麩胺酸棒桿菌。這種微生物是不能直接利用澱粉的，因此在發酵之前必須把澱粉水解成微生物可以直接利用的小分子化合物如葡萄糖。以稻米為例，稻米首先進行浸泡磨漿製成米漿，再加入細菌澱粉酶、糖化酶等進行液化和糖化製成糖漿。糖漿經過過濾濾除固體殘渣之後獲得葡萄糖液，可以直接作

為微生物發酵的碳源。微生物發酵除了需要碳源之外，還需要加入如硫酸銨、尿素、玉米漿或者糖蜜等。除此之外還需要加入其他的營養成分如無機鹽、維生素等，滿足微生物生長代謝的需求。將這些豐富的培養基加入發酵罐並滅菌之後，就可以接入微生物麩胺酸棒桿菌。在發酵的過程中需要控制溫度，溶氧量和 pH 值保持在一個相對恆定的水準，滿足細胞生長和麩胺酸生產的要求。在發酵罐中，細胞先利用碳源進行迅速的繁殖，當細胞生長到一定階段時，培養基當中的生物素被消耗殆盡，這時候細胞生長停止，細胞開始向胞外分泌麩胺酸。通常發酵結束時，發酵液當中麩胺酸的濃度可以達到 130 ～ 150g／L，質量轉化率在 50%～60% 之間，這個過程產生的副產物很少，原料的損失主要用於菌體的生長和釋放二氧化碳。發酵完成之後，發酵液需要經過分離純化獲得純的麩胺酸及麩胺酸鈉（味精）。這個過程透過包括過濾除菌，酸化結晶，NaOH 中和，濃縮，再結晶，烘乾等，直到獲得純的味精。

1,3- 丙二醇

1,3- 丙二醇是一個非常簡單的二元醇，與 1,2- 乙二醇和 1,4- 丁二醇類似，它可以與聚對苯二甲酸共聚，生產高分子材料聚對苯二甲酸丙二醇酯（PTT）。PTT 被稱為聚酯之王，具有極其良好的延展性，低溫染色性，抗紫外線等突出優點，是作為上等纖維材料的理想原料之一。1,3-丙二醇的生產之前主要是透過化學法，而且生產工藝複雜，成本高且產生大量的汙染。2003 年，杜邦公司開發了以大腸桿菌直接發酵植物來源的葡萄糖生產 1,3- 丙二醇的綠色生產工藝，這一工藝迅速替代了化學法路線。杜邦公司因此獲得了美國總統綠色化學挑戰獎，成為生物煉製的一個典型案例。

　　自然界當中沒有可以直接利用葡萄糖或者澱粉等生物質直接生產
1,3- 丙二醇的微生物。杜邦公司首先從釀酒酵母裡獲取轉化葡萄糖生產
甘油的兩個關鍵酶基因，即甘油 3- 磷酸脫氫酶和甘油 3- 磷酸磷酸酶，並
將它們轉入到大腸桿菌中，使得大腸桿菌能夠利用葡萄糖來合成甘油。
接著他們將來自於克雷伯氏肺炎桿菌的兩個關鍵酶基因，即甘油脫水酶
和醇脫氫酶進一步轉入到上述大腸桿菌重組菌中。這兩個酶可以催化甘
油到 1,3- 丙二醇的生物轉化。他們進一步對這一大腸桿菌進行大量的基
因改造使得這個微生物能夠非常高效地將葡萄糖直接轉化為 1,3- 丙二
醇。而葡萄糖如上所述可以透過植物來源的澱粉水解獲得。因此他們利
用現代生物技術實現了傳統法所無法實現的綠色生物煉製過程。

▶ 9.5.3 生物基材料

　　生物基材料是指用可再生生物質為原料，然後透過生物轉化獲得生
物高分子材料或單體，然後進一步聚合形成的高分子材料。由於潛在的
能源危機和環境保護的壓力越來越大，生物基材料產業已經成為了世界
主要國家新材料產業的重要方向，生物基材料最大限度代替石化材料已
經成為各國努力的目標，這樣不僅替日漸匱乏的石化資源減輕壓力，還
有利於發展循環和低碳經濟，對實現人類的可持續發展具有重要意義。
生物基材料不僅能替代石化材料，還能具有傳統石化材料沒有的優點，
主要是原料綠色可再生以及能夠生物降解。隨著技術進步，生物基材料
的合成技術和效能都會不斷提高，成本也會逐漸下降，在與傳統石化材
料的競爭中會越來越占優勢，終將逐步部分或完全取代石化材料。目前
已經工業化的生物基材料聚合物有：聚乳酸（PLA）、聚羥基脂肪酸酯
（PHA）、聚丁二酸丁二酯（PBS）等。

聚乳酸（PLA）

　　當前生物基材料中使用最廣泛和用量最大的就是 PLA，其由微生物發酵得到的乳酸聚合反應生成，生產過程中不會產生二氧化碳，其在土壤中也能夠完全降解，生成的二氧化碳和水經過光合作用循環會再合成為初始原料（圖 9.4）。PLA 是經過美國食品和藥物管理局批准的能夠用於人體的可降解材料，在人體內也一樣降解成二氧化碳和水，對人體沒有傷害。所以 PLA 的使用範圍廣，具有廣闊的應用前景，目前主要的限制性因素還是合成成本較高，所以現在關鍵是從培養具有高轉化率並能高產乳酸的生產菌種和提高從乳酸聚合成 PLA 的聚合技術這兩個方面來提高 PLA 的產量和效率。

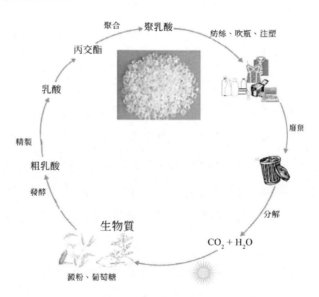

圖 9.4 聚乳酸生態循環過程

聚羥基脂肪酸酯（PHA）

PHA 是微生物體內的一類聚酯，其由 3- 羥基脂肪酸線性聚合而成，其相對分子質量也較高。與其他 PLA、PGA 等材料相比較，PHA 的結構多元化，並具有生物相容性、生物可降解性，在材料的應用中存在明顯優勢。所以 PHA 也是如今生物材料研究中的一個重要方向，是目前最具有發展前景的生物基塑膠之一。同樣，PHA 也面臨著生產成本高於石油原料生產的塑膠等問題，因此研究重點也需要集中在提高原料轉化率和開發新的 PHA 材料。

9.6
展望 ....

面臨石化資源日益枯竭和環境問題逐漸突出等問題，生物煉製成了時代的必然選擇，多個國家都制定了利用生物質資源的發展計畫，許多大公司也大力投入精力參與生物煉製的研究，人類過度依賴石油煉製的生活模式必將得到改善。目前，生物煉製的主要制約因素還是成本太高，如何降低過程成本成為其發展的關鍵。隨著技術的進步，特別是對廉價可再生原料利用技術的提高，可以想像，在不久的將來，基於可再生生物質資源和清潔的加工方式為基礎的生物煉製，可以從根本上轉變我們對資源的加工和利用過程，實現工業與生態的協調發展。人類與地球的和諧發展，或許不會是遙遠的夢想。

10

細胞工廠
Cell Factory

在顯微鏡頭的另一端，有一群小精靈活潑又健壯，細膩又精準，不眠不休，協同作戰，不斷進行著化學合成。他們就是最好的化學合成師，他們就是我們看不見的微觀世界中的強大兵種 —— 細胞軍團。

10 細胞工廠
Cell Factory

化學品綠色製造的生力軍
New Force for the Green Manufacturing of Chemicals

　　微生物是涵蓋細菌、病毒、真菌以及一些小型的原生生物、顯微藻類等在內的一大類生物群體，它個體微小，與人類關係密切。人類對微生物的利用甚早，它們被廣泛應用來生產白酒、乳酪、麵包、泡菜、啤酒和葡萄酒。隨著對微生物認識的深入，它們還在農業、醫藥、環保等各個領域發揮著強大作用。但是，你有沒有想過，小小微生物，就像一個複雜的化學品加工廠，在體內執行著成百上千的代謝反應，推動著自身生命過程的正常運轉。如果我們能夠利用這些代謝反應，合理地規劃出目的產品的生產流程，就可以生產各式各樣的化學品了。

　　但是，這樣的方式只能生產微生物代謝通路所具備的化學品，我們有沒有可能賦予微生物全新的能力，讓它製造能源、材料、藥物等各種產品，滿足人類在資源、能源、健康、安全等領域的諸多需求呢？

　　答案是肯定的。

　　它們是怎麼做的呢，讓我們來聽關於微生物細胞工廠的故事吧。

10.1
微生物細胞工廠的科學基礎

　　大家都知道的一個事實是，在 1953 年，詹姆斯・華生（James Watson）和弗朗西斯・克里克（Francis Crick）發現了承載遺傳資訊的物質基礎 —— 脫氧核糖核酸（DNA）的雙螺旋結構，從而開啟了現代生物學研究的大門。DNA 作為遺傳物質被確定和其結構的發現，改變了經典的生物學研究模式，引發了從分子層面研究生物學現象的熱潮。而我們的故事也就從此開始。

▶ 10.1.1 遺傳資訊的解析

在進入了分子生物學的大門之後，一些具有前瞻性眼光的科學家意識到，有兩方面的工作迫切需要展開，也就是遺傳資訊的解析和遺傳物質的操作。想像一下我們面對著一部天書，裡面的內容就是五彩斑斕的生命世界運行所依賴的法則。可 1950 年代的現實是，科學家們連其中所使用的語言也無法讀出，更妄論讀懂，今後半個多世紀，遺傳資訊解析的工作就圍繞著解讀這部生命天書而進行。與此同時，科學家們懷揣著一個更為遠大的理想，就是在讀懂這本天書之後，利用這門語言，寫一部更加偉大的作品。這部作品將是人類利用自然法則發展自身歷史上最壯麗的一部史詩，其中的每一個章節都將是人類重構生物系統，利用生物系統的華麗篇章。為了這一理想，迄今為止科學家們開發了一系列遺傳物質的操作工具，這些工具就彷彿我們手裡的鉛筆和橡皮擦，寫下了這部史詩裡面稚嫩卻足以被後人銘記的第一章。下面，就讓我們重新回顧這兩部平行展開、相互影響的歷史，再次展現人類為了解讀並改寫生命天書奮鬥歷程中的幾個經典片段。

Sanger 測序和遺傳密碼

讀懂生命天書的第一步，在於對於其中的每一個字進行放大。現在已經知道，人類基因組由 23 對染色體，約 30 億個鹼基對構成。想像一下即使《戰爭與和平》（*War and Peace*）這樣的鉅著，也只有區區幾百萬字、三卷本而已。而生命的天書，卻令人難以置信地編碼在染色體這樣奈米級的區間內，就好像把《大英百科全書》（*Encyclopedia Britannica*）放進了微縮膠片一樣。因此，科學家需要發展出一個類似放大鏡的工具，讓我們看清這本書的每一個字。當時已經知道，DNA 這種語言

其實非常簡單，僅僅由 A、T、C、G 這四種字元按照不同的順序構成。
在 1977 年，英國科學家弗雷德里克·桑格（Frederick Sanger）發明了一
套非常巧妙的方法，透過在正常的 DNA 合成過程中隨機地引入雙脫氧
的 A、T、C、G（天然狀態為單脫氧），從而終止 DNA 合成，這樣就產
生了很多不同長度的 DNA 片段，其中的每一個有一個確定的末端鹼基。
透過電泳將這些片段分離之後，就可以分析出 DNA 的序列。自此之後，
人類掌握了解讀生命天書的入門技術，桑格教授也因為這一貢獻贏得了
1980 年的諾貝爾化學獎（這只是他的第二項重要成就）。在這一時間點
的前後，基於一系列同樣重要的技術，人們陸續對於生命天書有了基本
的認識。就像人類語言由字、詞和段落構成一樣，科學家發現並解析了
生命之書的詞，也就是三聯遺傳密碼（三個鹼基編碼一個氨基酸、蛋白
質的基本組成成分，1968 年諾貝爾生理和醫學獎），以及生命之書的段
落，基因的組織結構和影響基因表達的元件（乳糖操縱子，1965 年諾貝
爾生理和醫學獎）。

人類基因組計劃和二代、三代測序技術

接下來是大家耳熟能詳的人類基因組計畫。儘管到 1980 年代人類已
經對於生命的運行法則有了初步的認識，但是當時的技術，例如 Sanger
測序，對於數以億計待破解的生命天書來說是遠遠不夠的。為此，以美
國為主導，科學界在 1990 年正式啟動了人類歷史上最大的科學研究計畫
之一 —— 人類基因組計畫。該計畫旨在透過對於人類基因組的 30 億個
鹼基對進行解析，詳細描繪生命運行背後所遵循的圖譜，同時推動一系
列相關技術的發展。截至 2003 年，該計畫宣告完成。歷史上第一次，人
類拿到了關於自己這一物種的完整「說明書」，與此相伴隨的是，大腸桿

菌、酵母、果蠅、小鼠等一系列模式生物的基因組也陸續得到了完整解析。這就好比，我們第一次可以完整地觀看諸多物種遺傳資訊之書微縮膠片的每一個細節，每一個字，相比於之前只是對於這些鉅著的極少數片段有所了解，這是一種怎樣偉大的進步呀！人類基因組計畫還極大地促進了相關技術的發展，例如一次可以測定上百億個鹼基的第二代測序技術（Sanger 測序一次只能測定約幾百個鹼基）等，都是在這一時期蓬勃發展起來的。可以說，人類基因組計畫是生命科學領域的一場革命，在解讀生命天書的歷史上，該計畫將我們帶進了基因組時代的大門。

遺傳資訊資料庫

就像資訊時代的任何領域一樣，伴隨著技術的發展，有大量的資訊產生出來。這些資訊的合理儲存、結構化和可利用性就成為了一個產業成熟與否的象徵，生命科學也面臨同樣的問題。特別是人類基因組計畫之後，伴隨著先進的測序技術，生命科學領域產生了資訊爆炸。為了應對這一問題，美國（Gen Bank）、歐洲（EMBL）和日本（DDBJ）先後建立了自己的生命科學資訊資料庫並進行了同步化建設。目前，這幾個資料庫儲存著數以萬計的基因組、數千萬蛋白質、上億 DNA 序列以及這些資料之間相互關聯的複雜資訊。可以說，這些資料庫就是生命科學領域的國家圖書館，儲存著人類目前理解生命之書的很大一部分知識。同時，科學家們也開發了先進的工具以便這些資訊的利用。例如，透過一種叫做 BLAST 的電腦程式，我們可以在幾分鐘的時間對於人類目前已知的絕大部分基因序列進行檢索，尋找資料庫中和新發現的 DNA 序列親緣關係最近的序列，從而推斷新發現序列的潛在功能。目前，因為技術的發展，這一圖書館的規模正在以指數速度快速成長，很多前所未有的知識，例如，人類祖先的

近親，尼安德塔人的基因組資訊，或者地球上最神祕的地域，大洋深處的古細菌基因組等也被收藏進了這座生命科學的聖殿。

▶ 10.1.2 遺傳物質的操作

和人類對於生命之書的解讀一樣，人類關於重寫生命之書的美好夢想，在半個多世紀的發展歷程中，也從蹣跚學步的嬰兒長成了英姿勃發的少年。

限制性內切酶

在 1970 年代以前，人類還不具備在分子水平上對於遺傳物質，也就是 DNA 片段進行操作的任何能力，而當時史丹佛大學科學家保羅·伯格（Paul Berg）為這一方向開啟了突破口。他利用當時新發現的一種酶，限制性內切酶，對於一段 DNA 序列和另一段 DNA 序列分別進行切割之後，再將二者連接起來，從而形成重組的 DNA 分子。這一發現的奧祕在於限制性內切酶會特異性地辨識幾個鹼基長度的序列，並在此切割雙鏈 DNA，從而形成一個序列特異的黏性末端（其中的一條 DNA 鏈多出了幾個鹼基，這幾個鹼基的序列對於不同的限制性內切酶是不同的）。這樣，兩段 DNA 利用同樣的限制酶進行切割之後，就產生了可以互相匹配的黏性末端，從而進行高度特異性的連接。伯格教授的工作使得人類歷史上第一次掌握了相關的工具，可以對 DNA 序列按照自身的設想進行拼裝。這一工作開啟了重組 DNA 技術的大門，讓我們初步具備了操作遺傳物質的能力。伯格教授也因為這一貢獻獲得了 1980 年的諾貝爾生理學和醫學獎〔和之前提到的桑格教授，以及哈佛大學的吉爾伯特（Walter Gilbert）教授分享〕。

聚合酶鏈式反應（PCR）

　　所謂巧婦難為無米之炊，要操作遺傳物質，首要的一點就是獲得足夠的遺傳物質以便後續處理。在 PCR 技術發明以前，人們只能利用生物體（主要是細菌）自身的 DNA 複製能力，擴增目標 DNA 序列，得到相應的遺傳材料，這一步驟無疑耗時耗力。為了提高這一步驟的效率，一些聰明的科學家想到了在試管裡模擬生物體內 DNA 複製的機制，從而短時間內得到大量的遺傳材料。我們知道，DNA 由兩條鏈構成，複製雙鏈 DNA 的第一步就是開啟 DNA 雙鏈，讓其變成單鏈才能讓執行複製的 DNA 聚合酶接近。圖 10.1 是 Taq DNA 聚合酶的分子結構。生物體內執行這一功能的是一套複雜的分子機器，在試管裡複製這套系統面臨著非常大的挑戰，因此，一個更聰明的辦法是直接利用高溫實現 DNA 雙鏈的解鏈。然而，讓 DNA 聚合酶在高溫下仍舊保持良好的活性，是這種策略面臨的主要困難。科學家透過篩選得到的一株耐高溫菌中的 DNA 聚合酶具有優良的高溫耐受性，以此巧妙地解決了這一問題。這一突破使得 PCR 技術變成了每個生物實驗室的常規技術之一，科學家可以利用該技術在幾個小時的時間內將納克級別的 DNA 模板擴增數萬倍，極大地方便了生物學研究，該研究獲得了 1993 年的諾貝爾化學獎。PCR 技術好像書寫工具中的墨水，為我們書寫自己的生命之書提供了方便可靠的原始材料。

圖 10.1 Taq DNA 聚合酶的分子結構

10 細胞工廠
Cell Factory

DNA 合成和組裝技術

　　PCR 技術雖然很出色，但它也僅僅能夠完成對特定 DNA 模板的擴增，屬於量變。對於一些不易獲得的甚至人類自己設計的 DNA 序列，我們需要一種質變的技術，可以從無到有地得到這些序列，這就引出了 DNA 合成技術。透過將一、兩百個鹼基長度的單鏈 DNA 進行拼裝，目前成熟的商用化技術已經能夠合成幾千甚至上萬個鹼基長度的 DNA 序列，而且其成本也已經降到了普通實驗室或者商業機構可以接受的水準。透過 DNA 序列的合成，科學家現在可以方便地獲得之前遙不可及的 DNA 序列，甚至根據自己的目標設計全新的 DNA 序列，人類操縱遺傳物質的水準再次發生了躍升。然而，基因合成技術仍然受到長度的制約，為了在更大尺度上得到行使功能的 DNA 序列，我們需要將合成並且 PCR 擴增的 DNA 片段組裝起來。DNA 組裝技術好像蓋起高樓大廈所不可或缺的混凝土，將一磚一瓦的原料緊密地黏合在一起。

　　近年來，DNA 組裝技術也獲得了長足的進步，許多新方法的出現使得科學家們擺脫了利用限制性內切酶進行組裝所受到的種種限制（DNA 片段內部不能有酶切位點，多片段的組裝無法找到有效的限制性內切酶，多片段組裝效率低下等），使得我們按照自己的意願在高層次上組裝 DNA 片段的能力得到了極大提高，一些基因組級別的組裝工作尤其彰顯了這一點。其中的一個里程碑事件是 2010 年美國的克萊格·凡特（Craig Venter）團隊設計改造並化學全合成了絲狀支原體的基因組，並且證明其在去掉了遺傳物質的細胞內可以完全正常地行使功能。之後又有許多突破性進展陸續出現，2014 年，第一個人工設計並合成的真核生物染色體（啤酒酵母的三號染色體）被證明可以在活體細胞內完全替代原有染色體的功能。

基因組編輯技術

以上這些技術，賦予了人類撰寫自身生命之書的鋼筆和墨水，大家肯定也發現了，擁有一個有力的修改工具就成了眼下的當務之急。如果我們對於一部書的某一章節突然想到了更好的設計，一件得心應手的修改工具無疑將為我們帶來極大的助力。而事實上，人類為了尋找這件神器已經花費了幾十年的時間。一件這樣的神器必須具備以下幾個特點，首先，它能夠自動尋找一部幾億字的著作中待修改處所在的頁碼和行數；其次，這件工具必須特異性極高，不會對書裡的其他地方帶來影響；再次，它必須高度有效，即使同時修改成百上千的生命之書也毫無壓力，不會留下任何漏網之魚；最後，這件工具需要簡單易得，作為一件親民的裝備給予每個玩家平等的地位。直到近年來，科學家們才找到了一個初步符合以上要求的神器，也就是 CRISPR/Cas 系統。該系統透過一個核糖核酸（RNA）分子作為探測工具和目標區域的 DNA 序列互補配對，從而吸引一個蛋白質夥伴切割這一區域的 DNA 雙鏈，再結合之前已經發展較為成熟的同源重組技術，人工設計的修改片段就會替換掉原來的 DNA 序列，實現乾淨、高效和無縫的序列替換。更神奇的是，該系統可以同時向多個目標發起進攻並保持一樣的高效，正因為這一點，它被賦予了一個炫酷的名字，基因組編輯。這項技術的出現讓整個生物學界陷入了瘋狂，人們無不期盼著這項技術可以幫助我們隨時隨地地按自己的意願改寫生命天書。

10 細胞工廠
Cell Factory

▶ 10.1.3 現代微生物細胞工廠建構的技術路線

　　神器在手，天下我有。有了上面的這些神裝，現在就要把它們合為一體，大殺四方了。今天所談到的微生物細胞工廠，正是這些技術組合在一起所奉獻的一部偉大作品。建立一個運轉良好的微生物細胞工廠，依賴於設計、建構、除錯三個基本步驟。在第一階段，上文提到的遺傳資訊解析幫助科學家了解每一個基因元件的功能。這樣，根據我們的目標，一般是一個特定的化合物分子，我們可以像設計一個化工廠的生產線一樣，在已有資料庫中尋找構築這條生產線所需要的每一個零部件（基因元件），並將其排列組合起來，這樣就完成了基本的設計，科學家們所希望微生物行使的功能就如此編寫在了一本由四種字元構成的設計說明書上。之後的建構階段，利用 DNA 合成技術、PCR 擴增技術和 DNA 組裝技術，我們可以將設計從設計圖變為現實，並期待它真的和設計一樣，完美地行使功能。最後的除錯階段，我們往往會發現這些設計並不完美，有很多可以改進之處，這時候就要有請基因組編輯技術登場亮相了，透過修改設計說明書，科學家們所構築的細胞工廠可以一步一步地逼近完美，最終實現從簡單原料到複雜產品的設計效能。分子生物技術發展的歷史，就這樣完美地濃縮在了一個小巧的微生物細胞工廠內，讓人不得不感嘆人類技術的進步和造化的神奇。

　　下面就讓我們走進微生物細胞工廠，看看它怎麼化腐朽為神奇，將簡單的原料變成複雜產品的吧。

10.2
微生物細胞工廠的大事 ·················

▶ 10.2.1 能源細胞工廠

談到能源問題,我們不得不提起於 19 世紀最後 30 年至 20 世紀初的第二次工業革命。伴隨著電力的廣泛應用、內燃機和新交通工具的創造以及化學工業的建立,人類跨入了電氣時代。以石油、煤、天然氣等不可再生能源為動力,人類的物質文明高度發展。但是,隨著對能源需求的日益增大,目前有限的傳統能源確實已經有面臨枯竭的危機。同時,因為其大量使用,溫室效應、環境汙染等問題也層出不窮。因此,除了盡可能節約現有能源的使用外,尋找新的綠色能源、解決能源短缺問題刻不容緩。近年來,在所有形式的新能源中,以微生物細胞工廠為背景的生物能源以其綠色、高效、環保且易於與現有能源體系結合等優點受到了廣泛關注,也獲得了很多成就。

我們知道,微生物和人類一樣,是具有生命的生物體。它們或以現有生物質為食,或以太陽能、化學能為直接能源,在體內進行著成百上千的代謝反應。在原有代謝網絡的基礎上,我們還可以利用現有的分子操作技術在細胞工廠內合理地規劃出目的產品的生產流程,生產出各式各樣的化學品。這其中自然也包括可以作為傳統能源替代品的燃料化學品,包括乙醇、丙醇、丁醇、異戊醇、脂肪酸酯(生物柴油)、脂肪醇、烷烴和烯烴等。其中,研究較多的是乙醇和長鏈醇。

10 細胞工廠
Cell Factory

生物乙醇

在生活中，我們很早就已經發現了能將各種生物質發酵轉化為乙醇的微生物。其發酵得到的生物乙醇作為燃料酒精已經在各個國家得到了廣泛關注。與傳統能源相比，生物乙醇無毒無害，且其生產原料：生物質存量豐富，僅以木質纖維素為例，據統計每年透過光合作用合成的木質纖維素達 2×10^{11}t，透過光合作用固定的太陽能 4×10^{21}J。如果算上玉米、甘蔗等作物，其原料來源則更為客觀。第一代生物乙醇的製備主要以玉米、甘蔗為原料，工藝較為簡單，使其產量迅速上升。但由於存在著與人爭糧的問題，第一代製備技術無法大規模地推廣。因此，以木質纖維素為原料的第二代生物乙醇製備技術得到了科學家們廣泛的關注。由於木質纖維素複雜的結構，除需要嚴格的預處理技術之外，發酵工程中所用菌株的性質也對發酵效率有著重要的影響。目前對於利用木質纖維素生產乙醇的菌種研究主要集中於釀酒酵母、運動發酵單胞菌、大腸桿菌和克雷伯氏桿菌等。前兩者能夠高效地利用葡萄糖發酵得到乙醇，但卻不能發酵大量存在於纖維素水解物中的五碳糖（尤其是木糖）；後兩者具有較寬的底物譜，但乙醇並不是它們的主要代謝產物。因此，科學家們正在採用基因工程的方法嘗試在菌株中加入新的代謝途徑，以期搭建新的適合發酵木質纖維素水解物的微生物細胞工廠。截至 2009 年為止，科學家們已經把重組後 4 種菌株發酵木糖製備乙醇理論產率分別提升到了 85％，94％，90％，95％，實際產率也都到達了 40％左右。

長鏈醇

儘管生物乙醇技術已經獲得了極大的成功，還存在著一些缺點，比如能量密度低、蒸氣壓高、腐蝕性強等問題。這都可能阻礙其進一步發

展。相比之下，丁醇克服了乙醇的缺點，具有更加良好的運用潛力。其他更長鏈的醇也是如此。

來自於美國加州大學洛杉磯分校的 Liao 教授在這方面進行了許多工作。

在自然界中，已經有天然的 1- 丁醇生產途徑存在了。傳統的 1- 丁醇都是由梭狀芽孢桿菌發酵生產的，通常伴隨著很多其他副產物。由於菌種本身生長緩慢，並且有時以孢子形式存在，基於梭狀芽孢桿菌發酵生產 1- 丁醇的工業化存在許多問題。相比之下，大腸桿菌繁殖速度快，是已經發展好的工業底盤菌，它的生理特性認識以及基因操作技術都比較完備。因此，Liao 教授決定利用大腸桿菌內建構一個 1- 丁醇生產工廠。在對比分析兩菌的代謝網絡之後，Liao 教授從兩者共有的中間產物出發，透過質粒將梭狀芽孢桿菌中與 1- 丁醇生產有關的 6 個基因匯入了大腸桿菌體內使後者獲得了從葡萄糖生產 1- 丁醇的能力。

由於支鏈醇相比於直鏈醇具有更高的辛烷值，因此 Liao 教授又對如何利用大腸桿菌細胞工廠得到支鏈長鏈醇展開了研究。

在大腸桿菌中存在複雜的氨基酸合成路徑，其中間產物常常涉及 2- 酮酸類化合物，如 2- 酮丁酸、3- 甲基 -2- 酮戊酸、苯丙酮酸等。因此，Liao 教授向大腸桿菌內匯入了植物、真菌、酵母常見的底物譜較廣的 2- 酮酸脫羧酶（KDCs），輔以醇脫氫酶（ADHs），得到了 1- 丁醇、異丁醇、2- 甲基 -1- 丁醇、3- 甲基 -1- 丁醇和 2- 苯基乙醇等多種高級醇。透過對上游路徑的改造，某一種 2- 酮酸產量可以得到增加，進而得到較純的單一醇類。在嘗試過的 KDCs 中，來自乳酸乳球菌的 KVID 酶效果較好。

在上述工作的基礎上，Liao 教授又對更高碳數的醇發起了衝擊。他

先是強化了上游途徑的供應，得到了較多的 3- 甲基 -2- 酮戊酸前體。之後，他又對 LeuA 酶和 KVID 酶的活性位點進行了改造，透過擴大活性位點，使得這兩種酶可以適應更大的化合物，從而得到 5 ～ 8 碳原子的醇類。

其實，無論是傳統能源還是生物質能，我們可以發現其根本是太陽能。基於微生物快速生長的特點，如果我們能利用它們直接將太陽能轉化為各種燃料化學品，那麼，我們就相當於在短短的幾天內完成了幾十萬到幾百萬年間傳統能源生成的過程。這將是一件多麼激動人心的事！

1970 年代，為了應對能源危機，科學家發現一種神奇的微生物——微藻。它可以透過光合作用直接將 CO_2 固定到體內轉化成油脂，為我們所用。由於油脂不容易被提取利用，分離成本較高，Liao 教授想到用其生產易揮發的異丁醛。為了實現這個目標，Liao 教授分別從乳酸乳球菌、枯草芽孢桿菌和大腸桿菌中找到了這條生產線所必需的四個基因元件（kvid、alsS、ilvC、ilvD），然後透過 DNA 合成技術合成這四個基因，最後將這四個基因元件匯入到微藻中組裝成一條全新的生產線。最終，我們的微藻細胞工廠就可以透過光合作用，以 CO_2 為原料，生產出異丁醛了。得到的異丁醛分離之後可以用於進一步生產異丁醇等化合物。

但是，微藻的光合作用效率很低，上述細胞工廠的工業化十分困難。為了解決細胞工廠能量來源供給不足的問題，考慮到植物透過光合作用轉化太陽能的效率不足 1%，而太陽能發電技術轉化太陽能的效率可以達到 10%～ 45%，Liao 教授產生了一個大膽的想法，希望可以重構合適的體系，利用這些電能來固定 CO_2、驅動微生物細胞工廠，生產我們所需要的產品。首先，Liao 教授利用電化學反應將 CO_2 高效地轉化為甲

酸,甲酸是一種非常好的能量載體,可以為細胞提供能量。之後,Liao
教授想到一種喜歡吃甲酸的細菌 R.eustrop,可以將其作為細胞工廠,用
於生產內燃機使用的異丁醇和 3- 甲基 -1- 丁醇。Liao 教授利用微生物細
胞工廠技術,將相關的基因元件匯入到 R.eustrop 細胞工廠中形成異丁醇
和 3- 甲基 -1- 丁醇生產線。這樣,最終得到的新的微生物細胞工廠就可
以偶聯太陽能太陽能發電直接固定 CO_2 來生產能源。

▶ 10.2.2 材料細胞工廠

澱粉、纖維素等農林生物質原料中既有豐富的能量儲備,也有充足
的物質儲備。因此,在提供新型能源的同時,生物質資源也能夠用於生
產我們所感興趣的新型材料,如以 1,3- 丙二醇為代表的生物基平台化合
物、以聚乳酸為代表的生物塑膠等。這些源自於生物質的材料被稱為生
物基材料。可再生的原料特性和可降解的產品效能賦予了生物基材料極
大的發展潛力,不難想像,當人類邁入後化石能源時代,煤基、石油基
材料陸續謝幕之際,生物基材料將逐漸走出幕後、嶄露頭角,在維持環
境穩態的同時,支撐起我們的品質生活。

1,3- 丙二醇

在第 9 章中,曾介紹過 1,3- 丙二醇在生物煉製中的應用,這裡再說
一下它的其他用處。從甘油分子中隨機去除一個氧,我們就能得到三碳
二元醇的兩兄弟 1,2- 丙二醇和 1,3- 丙二醇。後者是一種極為重要的聚合
物單體,可以和種類繁多的多元酸、多元醇發生縮聚反應,生成性質各
異的高分子共聚物,廣泛用於生產複合材料、黏合劑、薄膜材料、功能
塗層、鑄造模具等產品,其代表性下游聚酯產品聚對苯二甲酸丙二醇酯

（PTT）是一種效能優異的新型合成纖維，擁有極大的應用前景。單體的 1,3- 丙二醇也被用作有機溶劑、防凍劑和油漆助劑。

如此關鍵的化工產品，在工業上如何實現規模化生產呢？目前，1,3- 丙二醇的主要生產路徑有三條：一是由德固賽公司（Degussa）開發的丙烯醛水合法，該方法分為兩步，首先是丙烯醛與水分子在離子交換樹脂上加成生成 3- 羥基丙醛，繼而由鎳催化劑催化 3- 羥基丙醛加氫得到終產物 1,3- 丙二醇；二是由殼牌公司（Shell）開發的環氧乙烷氫甲醯化法，兩種化學合成方法只在第一步存在差異，即殼牌公司透過氫甲醯化反應利用環氧乙烷與合成氣生成中間體 3- 羥基丙醛。杜邦公司（DuPont）另闢蹊徑，開發了第三條路徑，採用生物發酵法生產 1,3- 丙二醇的技術，透過對微生物菌株的基因改造，打通了由玉米澱粉等生物質降解產生葡萄糖，由葡萄糖轉化為甘油，再由甘油脫羥基生產 1,3- 丙二醇的生物轉化途徑。據杜邦公司的分析，該生物發酵途徑相比於傳統「石化路線」能夠減少近四成的能源消耗，生產過程的溫室氣體排放也會降低 5 分之 1，生產經濟性與環氧乙烷法相當。美國化學學會將生物基 1,3- 丙二醇的研究成果評為「2007 Heroes of Chemistry」，以示對技術創新的肯定，也證明了大宗化工品生物製造的可行性。

尼龍

在了解了生物基材料的平臺化合物後，我們將目光轉向它們的下游產品，即聚酯纖維、生物塑膠、樹脂材料和生物橡膠，這將是生物基材料大有所為的領域。

在合成纖維工業，尼龍是具有里程碑意義的產品。自 1935 年 Wallace Carothers 在杜邦公司研製出這種化學纖維後，合成纖維領域開始大

放異彩。尼龍是聚醯胺纖維的統稱，高聚物分子內含有重複的醯胺鍵，很像生物大分子蛋白質的結構。通常人們利用二元胺與二元酸縮聚、己內醯胺開環聚合或者直接由單一氨基酸自聚得到不同效能的尼龍纖維。相比於其他所有纖維品類，尼龍具有極高的耐磨性，這使其成為應用至今的重要纖維品類。

　　目前，尼龍生產的主要前體物質，即二元胺與二元酸，均源自於化石資源。既然已有研究工作改造微生物用以發酵生產這些聚合物單體，一個熱切的想法是：生物基尼龍是不是很快就可以成為現實？事實亦是如此，利用大腸桿菌或麩胺酸棒狀桿菌將賴氨酸轉化為戊二胺、丁二胺的技術已經實現，二元酸的生產也能夠在微生物體內完成，透過對發酵液進行分離回收，我們能夠得到聚合物級別的二元胺和二元酸，從而完全實現生物基尼龍的生產。只要能夠實現我們所感興趣的聚合物單體的生物基生產，那麼由生物基聚合物代替煤基、石油基聚合物的時代也將觸手可及。

異戊橡膠

　　異戊橡膠主要應用於輪胎生產，是一種高效能橡膠，其產量僅次於丁苯橡膠和順丁橡膠而居合成橡膠的第三位。它具有很好的彈性、耐寒性和很高的拉伸強度。因其結構和效能與天然橡膠相似，故又稱為合成天然橡膠。異戊橡膠的合成單體是異戊二烯，即 2- 甲基 -1,3- 丁二烯，是一種共軛二烯烴。對於天然產物萜類化合物，它們就是以分子中含有的異戊二烯單元個數分類的。

　　異戊二烯是合成橡膠的一種重要單體，除用於合成異戊橡膠，還用作合成丁基橡膠的共聚單體以改進其硫化效能。隨著乙烯工業的快速發

展和對合成橡膠合成樹脂的需求增大,異戊二烯作為一種重要的化工原料,其生產技術也受到各國的普遍重視。

傳統的異戊二烯生產主要源自於石油,生產方法主要包括異戊烷、異戊烯脫氫法,化學合成法和裂解 C5 餾分萃取蒸餾法。近年來,利用生物法將碳水化合物轉化成異戊二烯的方法也獲得較大的發展。Kuzma 等人的研究顯示,多種細菌(包括革蘭氏陽性和陰性菌)都能生產異戊二烯,且以桿菌的異戊二烯產量最大。生物法合成的代謝基礎是,微生物將碳水化合物轉化為 C5 的類異戊二烯前體 3,3- 二甲基烯丙基焦磷酸酯(DMAPP),再透過酶催化反應合成異戊二烯。透過將源自於植物等的異源異戊二烯合成酶基因在大腸桿菌體內進行表達,並透過代謝途徑的匹配最佳化,能夠實現高達 60g/L 的異戊二烯產量。進來,一些生物技術公司開始嘗試生物法異戊二烯的大規模商業化生產。丹麥 Danisco 公司旗下的酶技術分部傑能科公司與輪胎和橡膠生產商固特異公司,正在開發一體化的異戊二烯生物發酵、回收和提純系統,用於從碳水化合物生產異戊二烯,以應用於輪胎的生產。

▶ 10.2.3 藥物細胞工廠

植物來源的天然產物一直是人們重點關注的對象。比如著名的抗瘧藥物青蒿素,抗癌藥物紫杉醇等。這些天然產物一般結構比較複雜,傳統的獲取途徑都是透過直接從植物中提取的策略。比如抗癌藥物紫杉醇主要是從太平洋紫杉樹的樹皮中提取,平均治療一個病人需要消耗 2 ～ 4 棵樹來源的紫杉醇。這些來自植物的天然產物在植物體內一般以微量形式存在,從植物中直接提取面臨著低純度、消耗大量的自然資源等問題。而且隨著社會的發展和健康問題的日益突出,這些可以提供藥物來

源的野生資源的再生速度已經滿足不了人們的需求。而且由於這些天然產物結構複雜，用化學法合成是非常困難的，成本很高，產率很低。同樣以紫杉醇為例，化學合成紫杉醇需要 35～51 步的化學反應才能得到，最高收率也只有 0.4%。所以人們迫切需要一種能夠高效、低成本地生產這些天然產物的方法。

　　進入 21 世紀以後，微生物細胞工廠技術的迅速發展為人們帶來了新的希望。接下來我們將介紹 21 世紀的幾個明星藥物的微生物合成：青蒿素、紫杉醇、鴉片類藥物和肝素類藥物。

青蒿素

　　瘧疾是一個全球性的健康問題，據 2010 年的資料顯示，全球每年有 2 億的瘧疾患者，每年有 65.5 萬人死於瘧疾，尤其在非洲以及一些開發中國家中尤為嚴重。青蒿素是一種非常有效的抗瘧疾藥物，最開始是由中國科學家屠呦呦等人從黃花蒿（Artemisia annua）中分離得到。黃花蒿雖然在全球都有種植，但是其青蒿素含量具有明顯的地域特性，只有中國局部地區的黃花蒿中青蒿素含量較高，青蒿素在黃花蒿中的含量一般在 1% 以下。所以透過直接從黃花蒿中提取無法滿足人們的需求。所以人們將目光轉向了利用微生物細胞工廠來生產青蒿素。

　　青蒿素的合成主要涉及以下幾步：法呢基焦磷酸（FPP）→青蒿二烯→青蒿酸→二氫青蒿酸→二氧青蒿酸過氧化物→青蒿素。2003 年，美國加州大學柏克萊分校的 Keasling 教授將來自酵母的 FPP 合成涉及的 8 個基因以及來自黃花蒿（Artemisia annua）的青蒿二烯合成酶基因 ADS 引入到大腸桿菌中，建構出一個可以從葡萄糖，甘油等碳源直接生產青蒿素前體青蒿二烯（amorphadiene）的生產線，青蒿二烯的產量可以達到

112.2mg／L。但是這樣的產量還是遠遠不能夠滿足工業化的需求。而且從青蒿二烯還需要經過好幾步轉化才能得到青蒿素。

2006 年，Keasling 教授的研究小組在青蒿二烯合成的基礎上又往前走了一大步：他們採用釀酒酵母為底盤宿主，最佳化了已有的 FPP 合成的生產線，同時引入了來自黃花蒿的三個基因：ADS 基因、細胞色素單加氧酶 CYP71AV1 基因以及其還原伴侶基因 CPR1，這樣就得到了一個可以直接生產青蒿酸（artemisinic acid）的細胞工廠。該細胞工廠可以提供 100mg／L 青蒿酸產量。依然，該產量距離青蒿素的工業化生產還有一定的距離。

直到 2013 年，經過近 7 年的進一步努力，Keasling 教授的研究小組終於獲得了突破性的進展。他們進一步從黃花蒿中辨識出三個針對青蒿酸合成的關鍵基因：細胞色素 b5 基因 CYB5、醇脫氫酶 ADH1 基因和青蒿醛脫氫酶 ALDH1 基因，並進一步引入到酵母中，透過最佳化匹配之後，成功建構了生產青蒿酸的細胞工廠。該細胞工廠在發酵時，青蒿酸的產量達到了驚人的 25g／L。Keasling 等人利用該合成的青蒿酸再次經過化學反應最終實現了青蒿素高效、低成本的合成。同年 4 月份，法國諾菲（Sanofi）製藥公司根據 Keasling 等人的研究，當即啟動了大規模的青蒿素部分合成。

紫杉醇

紫杉醇首先是從太平洋紅豆杉樹的樹皮中分離得到的一種萜類化合物。它之所以大名鼎鼎是因為紫杉醇是目前世界上最主要、最暢銷的抗癌藥，有著龐大的需求市場。紫杉醇在植物中的含量最高也僅有 0.069％，而且也受限於生長緩慢，紅豆杉樹資源稀缺，所以僅僅從紅豆

杉樹的樹皮中分離製備紫杉醇是遠遠不夠的。而且化學合成產量低，成本高，不能夠有效地解決問題。所以人們開始期待利用微生物細胞工廠來直接生產紫杉醇。

　　2010 年，來自美國麻省理工學院的 Stephanopoulos 教授的研究小組在大腸桿菌中設計了一條合成紫杉醇前體紫衫二烯的生產線：該生產線主要包含兩個模組：上游的 IPP 和 DMAPP 的合成模組，包含大腸桿菌自身所具有的 8 個基因；下游的紫衫二烯的合成模組，包含源自於太平洋紅豆杉的 2 個基因。透過最佳化這兩個模組關鍵基因的表達水平，得到一條最優的紫衫二烯生產線，紫衫二烯的產量可以達到 1g/L 以上。有了充足的前體紫衫二烯的供應，Stephanopoulos 教授研究小組緊接著引入了來自於太平洋紅豆杉的紫杉二烯 5α- 羥化酶基因和其還原伴侶 TCPR 基因，將兩個基因融合表達之後，得到了一個可以生產 58mg/L5α- 羥基紫衫二烯（taxadien-5α-ol）的細胞工廠。這是一個振奮人心的進步，為人們高效、低成本地生產紫杉醇指明了方向。

鴉片類藥物

　　說起鴉片想必大家並不陌生，我們常把它叫做鴉片（俗稱大煙）。由於鴉片類物質的濫用容易成癮，提到它時大家通常都會想到毒品和鴉片戰爭。其實，鴉片類物質代表著一類具有鴉片劑作用的化學物質，分為天然鴉片劑（主要為罌粟中提取的生物鹼，包括嗎啡和可待因），半合成鴉片劑（氫可酮、海洛因等），合成鴉片劑（哌替啶、美沙酮等）和內源性鴉片肽（腦內啡、強啡肽等）。鴉片類物質在臨床上是可以作為藥物使用的，世界衛生組織（WHO）把這類物質歸為基本藥物，主要用作鎮痛劑，可以有效地減輕不治之症所造成的劇烈疼痛，產生欣快感，也有作

為鎮咳藥使用如可待因，主要透過存在於中樞神經系統和消化系統的鴉片類受體來發揮作用。

在發展中國家，鎮痛藥物仍處於短缺狀態，WHO 猜想全球有 55 億人在中度或重度疼痛發生時仍然很少或者無法獲得治療。目前全球每年種植了大約 10 萬公頃罌粟花，獲得超過 800t 鴉片劑來滿足醫療需求。但罌粟花的工業種植太容易受到環境因素如害蟲、氣象災害等的影響，使得這種方式具有不穩定和不確定性。而儘管目前已經報導了 30 多種嗎啡及其衍生物的化學合成方法，但限制於其規模可行性，目前在商業上還不具有競爭力。

事實上，以鴉片類物質為代表的苄基異喹啉生物鹼（BIA）在微生物細胞工廠中的合成一直是科學家們的研究興趣。它們大多原本從植物中提取，但其合成途徑十分複雜，有些植物並沒有全基因組序列資訊，找出催化相關合成反應的酶且讓它具有高的催化活性很不簡單，想要在一個本來不生產這類物質的生物中引入這些合成途徑並製造我們想要的產品更是難上加難。科學家們於是決定採取「集中兵力，各個擊破」的策略。一條複雜的合成途徑被分成了好幾段來逐一進行解決。

2008 年，Hiromichi Minami 等在大腸桿菌中實現了從多巴胺到 BIA 重要前體物 (S)-reticuline 的合成，並進一步合成出木蘭花鹼和金黃紫堇鹼。緊接著 Hawkins 和 Smolke 在酵母中實現了從上游前體物到 (S)-reticuline 的合成並找到了 (R)-reticuline 向下游嗎啡喃生物鹼合成的關鍵酶。隨後經過幾年時間的努力，他們又成功地從蒂巴因（thebaine）出發合成了可待因和嗎啡等物質。

到 2015 年 4 月，加拿大的微生物學家 Vincent Martin 就完成了從更早的中間體 (R)-reticuline 來合成嗎啡的過程。

　　至此，要實現鴉片類物質的全合成還有兩個關鍵問題沒有解決，一個是關鍵中間體 (S)-reticuline 向 (R)-reticuline 差向異構化，另一個就是酪氨酸經羥化酶反應選擇性轉化為左旋多巴。令人意想不到的是，沒過多久這兩個問題就都有了答案。

　　加州大學柏克萊分校的 John Dueber 教授首先解決了後一個問題，並於 2015 年 5 月在 *Nature Chemical Biology* 發文宣布他們實現了酵母菌從葡萄糖到關鍵中間體 (S)-reticuline 的合成。為了找到合適的酪氨酸羥化酶催化這一步反應，研究者們將酵母菌工程化改造，巧妙地利用生物感測器賦予了它把左旋多巴轉化為一種螢光色素 β 葉黃素的能力。這樣，一旦酵母菌中有合適的羥化酶催化酪氨酸生產出左旋多巴後，它會立即轉化為 β 葉黃素而顯現出橙黃色，而且螢光訊號的強弱與左旋多巴濃度相對應，從而便於我們找到高活性的酪氨酸羥化酶。

　　與此同時，史丹佛大學的 Smolke 教授研究小組也緊緊跟上了這項工作。

　　不到一個月時間又傳來了好消息，Winzer 等人在一種罌粟（P. som-niferum）中發現了人們苦苦追尋的 (S)-reticuline 差向異構化酶，另一研究組從植物轉錄組資料庫鑑別出候選基因並從 P. somniferum cDNA 複製出來。至此，從葡萄糖出發合成鴉片類物質的各個環節已經攻破，但即使如此，仍有許多人預測需要幾年的時間才能把這些環節全部拼起來。而事實證明，這個領域工作的推進比預期要快得多。2015 年 8 月，Smolke 研究小組就實現了這一偉大工作，在酵母細胞中成功利用葡萄糖來製造蒂巴因和氫可酮，產量分別為 6.4μg/L 和 0.6μg/L。其中，蒂巴因的全生物合成途徑需要表達 21 種酶，分別源自於大鼠、細菌、不同植物還有酵母本身，生產菌株中還表達了兩種天然酶和抑制了一種天然酶

的表達，進一步引入額外的兩個酶可以合成氫可酮。而由此還能靈活地合成出一系列原本天然途徑中不存在的化學結構類似的化合物，這為我們尋找和開發更安全，成癮性更低的全新鴉片類藥物提供了可能。

雖然目前酵母菌的產量還太低，需要增加 10 萬倍才能引起製藥公司的興趣。但經過酶工程、菌株工程、途徑工程等一系列工程化改造是完全有望實現的。科學研究工作者們正在朝著這一目標大踏步地往前邁進著。Smolke 教授說：「我相信，兩年內就可以更新這項技術，利用酵母大規模生產出鴉片。」而到那個時候，罌粟種植者們可能就要準備失業了。

10.3
結束語

經過 20 世紀 100 年的發展，有機化學家已經能夠從頭設計合成任何已知結構的化學物質。我們也夢想著能夠透過微生物細胞工廠的方法，合成任何我們想要合成的化學物質。而且越來越多的案例顯示，利用微生物細胞工廠合成化學品具有其他方法無法比擬的優勢。相信隨著合成生物學，生物資訊學等領域的快速發展，我們的夢想終究會成為現實。21 世紀被稱為生物的世紀，這不僅僅是一種稱謂，更是一種人們對於生物技術的期許，我們這一代年輕人肩負著人們對於 21 世紀的期許，所以我們需要更加充滿信心和活力地奔向屬於我們自己的世紀！

當化學遇上創新！從 OLED 夢想到病毒製造的科技革命：

小規模化 × 精密化 × 智慧化，探索生物技術與化工結合下的未來可能，開拓新的科學領域

主　　　編：金湧
發 行 人：黃振庭
出 版 者：崧燁文化事業有限公司
發 行 者：崧燁文化事業有限公司
E-mail：sonbookservice@gmail.com
粉 絲 頁：https://www.facebook.com/sonbookss/
網　　　址：https://sonbook.net/
地　　　址：台北市中正區重慶南路一段 61 號 8 樓
8F., No.61, Sec. 1, Chongqing S. Rd., Zhongzheng Dist., Taipei City 100, Taiwan

電　　　話：(02)2370-3310
傳　　　真：(02)2388-1990
印　　　刷：京峯數位服務有限公司
律 師 顧 問：廣華律師事務所 張珮琦律師

定　　　價：350 元
發 行 日 期：2024 年 06 月第一版
◎本書以 POD 印製
Design Assets from Freepik.com

國家圖書館出版品預行編目資料

當化學遇上創新！從 OLED 夢想到病毒製造的科技革命：小規模化 × 精密化 × 智慧化，探索生物技術與化工結合下的未來可能，開拓新的科學領域 / 金湧 主編 . -- 第一版 . -- 臺北市：崧燁文化事業有限公司，2024.06
面；　公分
POD 版
ISBN 978-626-394-398-8(平裝)
1.CST: 化學工程 2.CST: 化學
460　　　113007803

電子書購買

爽讀 APP

臉書